以设计之名

Prince的产品造型设计手绘札记

BEn_prince 编著

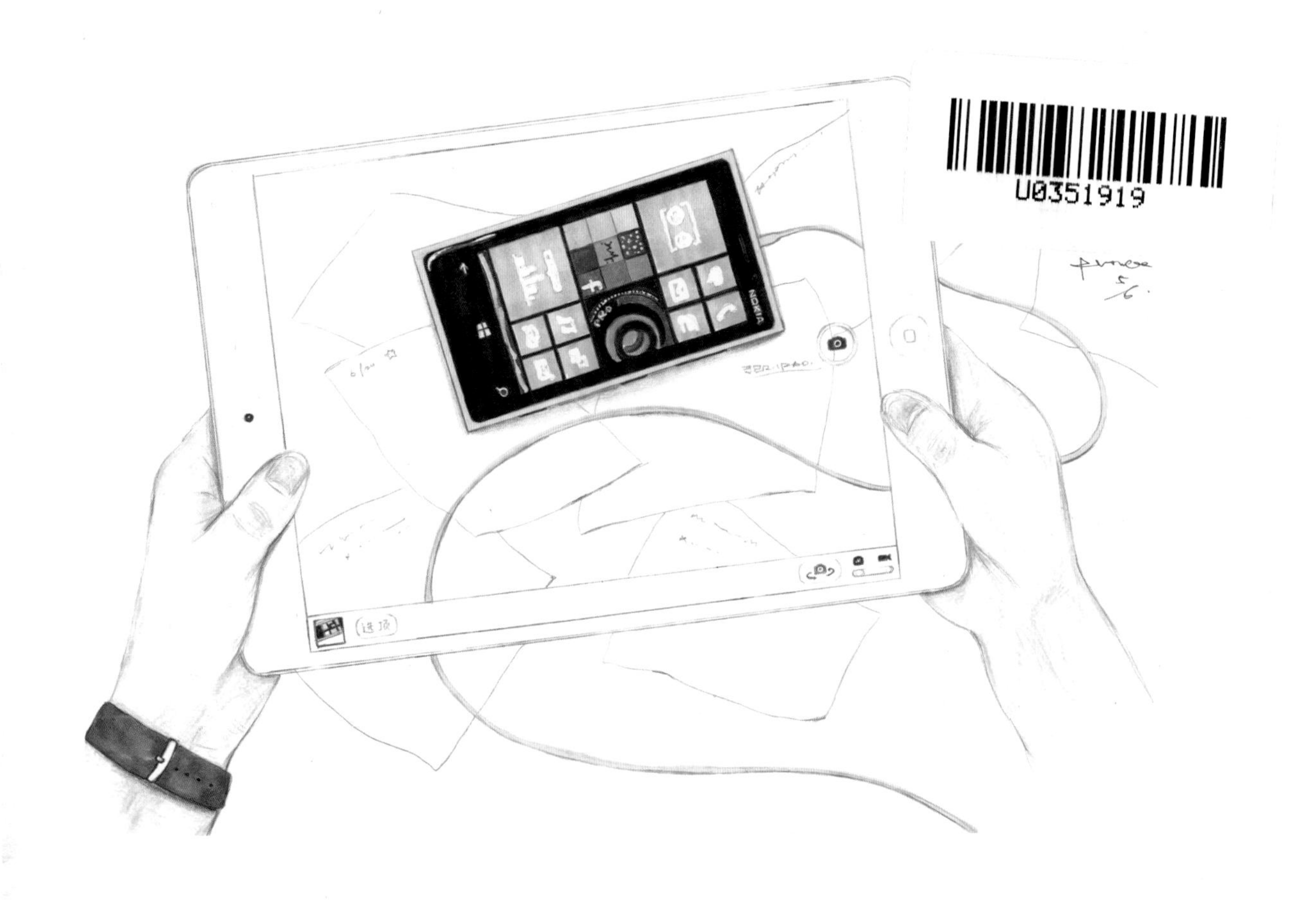

人 民 邮 电 出 版 社
北 京

图书在版编目（CIP）数据

以设计之名 : Prince的产品造型设计手绘札记 / BEn_prince编著. -- 北京 : 人民邮电出版社, 2014.7
ISBN 978-7-115-35433-4

Ⅰ. ①以… Ⅱ. ①B… Ⅲ. ①工业产品－造型设计 Ⅳ. ①TB472

中国版本图书馆CIP数据核字(2014)第097604号

内 容 提 要

产品造型设计专业是各大美术院校都设立的一个专业，它涉及了生活的各个方面，如我们使用的数码产品、生活用品、交通工具等，处处都存在着设计的元素，可以说是“无设计，不生活”。本书将针对生活中常见的产品造型介绍手绘设计技法，希望可以为读者提供全面的指导。

本书共分为6章，前两章主要介绍了绘画工具和具体的细节表现方法；第3章～第4章分别介绍了不同款式的手机和相机的手绘表现技法；第5章～第6章介绍了潮流服饰和工业设计的手绘表现技法。本书内容丰富、版式新颖、条理清晰，每幅作品都配有工具介绍和手绘技法的指导，方便读者清楚地了解产品的设计原则和细节，具有极强的启发意义和实用性。

本书不仅适合各大艺术院校设计相关专业的学生作为参考用书，还适合喜欢产品设计手绘的读者阅读和收藏。

◆ 编　　著 BEn_prince
责任编辑 董雪南
责任印制 李 东
◆ 人民邮电出版社出版发行　北京市丰台区成寿寺路11号
邮编 100164　电子邮件 315@ptpress.com.cn
网址 http://www.ptpress.com.cn
北京瑞禾彩色印刷有限公司印刷
◆ 开本：690×970 1/12
印张：17
字数：397千字　2014年7月第1版
印数：1－4 000册　2014年7月北京第1次印刷

定价：49.80元

读者服务热线：(010)81055296　印装质量热线：(010)81055316
反盗版热线：(010)81055315
广告经营许可证：京崇工商广字第0021号

原名：郭槟荣

weibo : BEn_prince

前 言

If a picture paints a thousand words.

谨以此书献给一直支持我的小伙伴们

时隔约一年，这本书终于如愿出版了，这段时间里，对我来说发生了很多事情也学会了许多。人总是前行着，这本书记录的也仅仅是一年前的我，回望过去，回望这本书里记录的那段光阴中，我只是个找不到方向的人儿，在画的世界里享受着自己一个人的世界。那时候会想，若是一辈子都如此这般循环着，从早到晚做着自己喜欢做的事，那该有多么自在，觉得人生就该如此了。当然，再怎么倔强的人终究还是会被现实打败。责任，让我放弃了或者说是选择了相对正确的道路吧。人，总要有所选择，有所放弃。

可是并不意味着，我放弃了绘画。我想说，绘画终将伴我一生，因为是画纸和笔选择了我。忙碌的工作生活间隙里，有时候会突然想拿起画笔，也默默告诉自己，等自己将来老矣会有一段很长的时间给我静下心来提起画笔，享受未完的绘画生活。由于时间和定位的原因，这本书里的教程初衷是分享给那些想学习我绘画技巧的朋友们，都是些很基础的东西喇，有想要探讨更多绘画技巧的朋友们也欢迎跟我交流。

我觉得，一幅画，看似平淡无奇，其实包含了绘画者对所画物体的喜爱也好，一种情绪的表达也好，正如题图那句英文，包含着千言万语。

感谢给我这次出版机会的人民邮电出版社，给了我一个跟大家分享绘画快乐的平台。同时也衷心感谢出版社编辑董小姐和其排版团队的协助，才有了这本书的诞生。当然还要感谢一直支持我的微博粉丝们，是你们的默默支持让我有了画下去的动力。

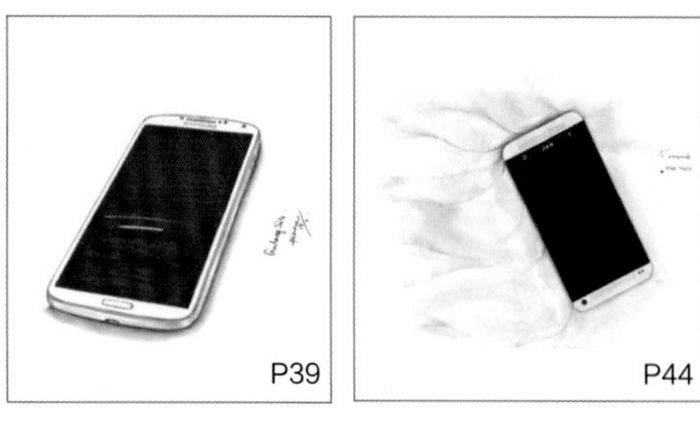
P39
P44

P50

P

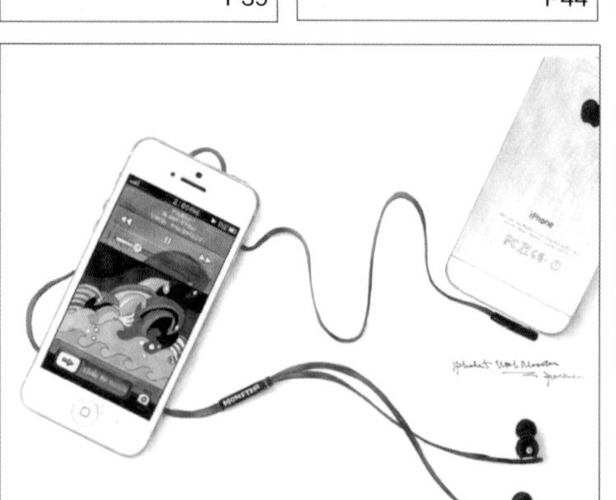
P65

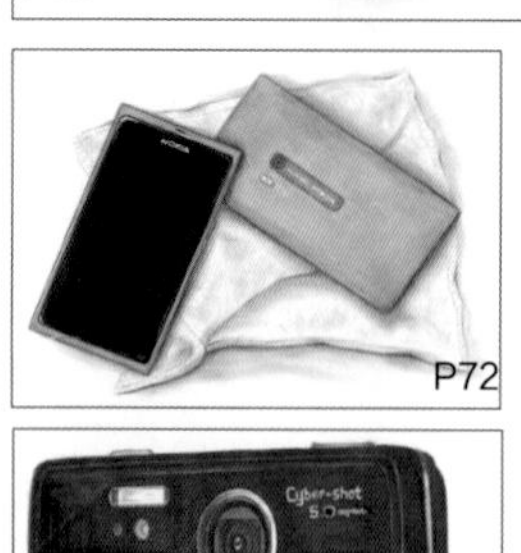
P72

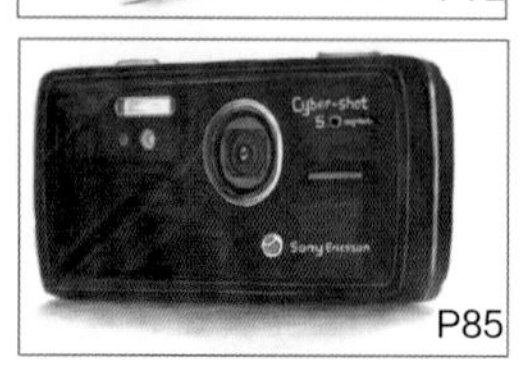

P85

P81

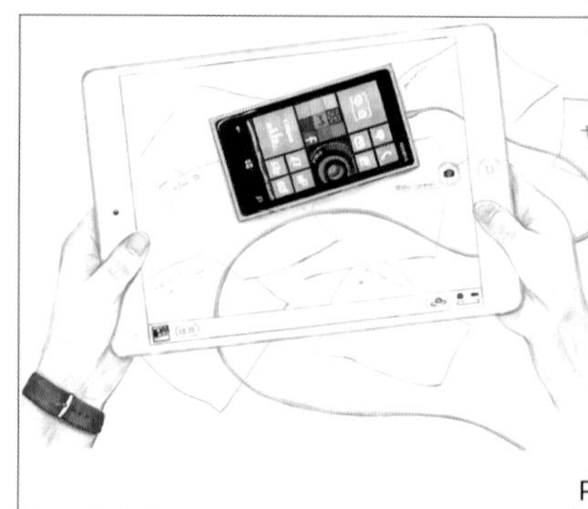
P

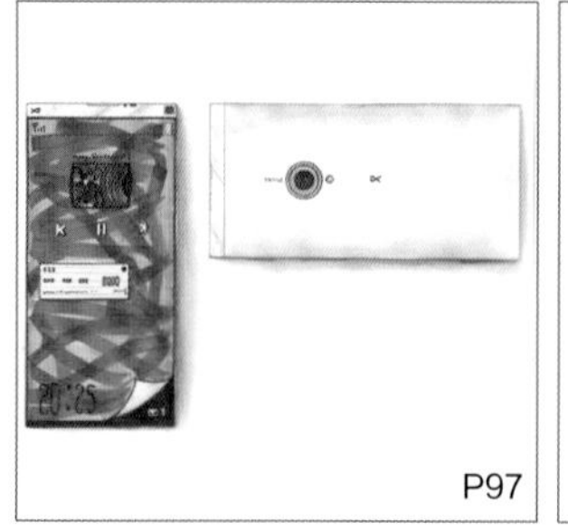
P97

P132

P139

P152

P159

P165

P1

P183
P187

P192

目 录

第4章　相机篇
（Cameras）

第5章　静物篇
（My Favors）

第6章　车子篇
（Cars）

第1章　说明书

（Instructions）

1.1 绘画流程介绍

1. 准备需要的绘画工具：A4 纸、0.7 铅芯自动铅笔、橡皮擦、直尺、三角板、圆珠笔、修正液、上色用的彩色铅笔、油性记号笔、马克笔等。
2. 构思绘画内容，确定物体在纸上的位置，以及背景内容等细节。
3. 画出物体外框，确定主要细节，完成线稿。
4. 用上色工具（彩色铅笔或马克笔等）和辅助上色工具（圆珠笔、修正液等）完成上色绘制。
5. 根据假定或者真实的光源给物体加上合理的投影。
6. 根据假定光源的位置摆放台灯（或其他光源），用相机拍照记录，绘制完成。

1.2 绘画工具介绍

1.A4 纸

建议选用工程制图纸，纸质较硬，以防止用马克笔或油性笔上色时墨水的渗漏导致的纸张变形。工程制图纸的纸面不光滑，方便素描质感的体现。

2. 自动铅笔

上图所示为 M&G 0.7 自动铅笔，0.7 笔芯颜色较深，方便起稿和素描对颜色的需要。

3. 橡皮擦

素描用橡皮擦如上图所示。

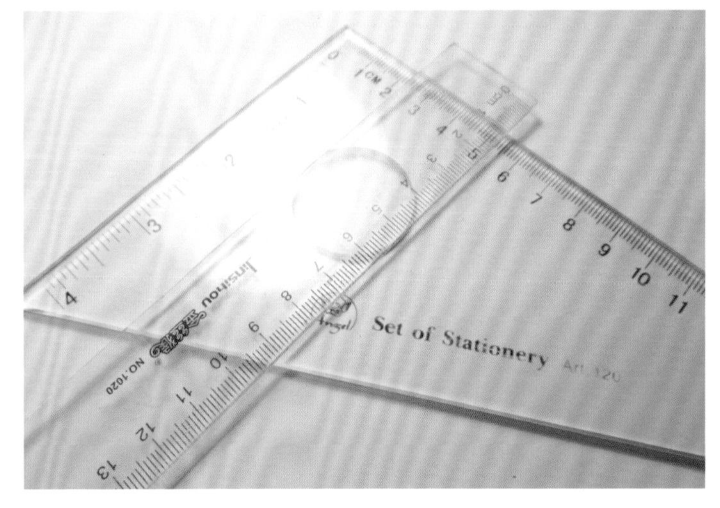

4. 尺子

上图所示为三角板和直尺，用于起稿、测量和描边。

5. 圆珠笔

上图所示为黑色圆珠笔，用于描边以突出物体边缘、结构边缘，以及增加边缘的光泽度。

6. 修正液

修正液用于修正绘画过程发生的错误，并用于绘制白色 Logo、文字及高光处等。

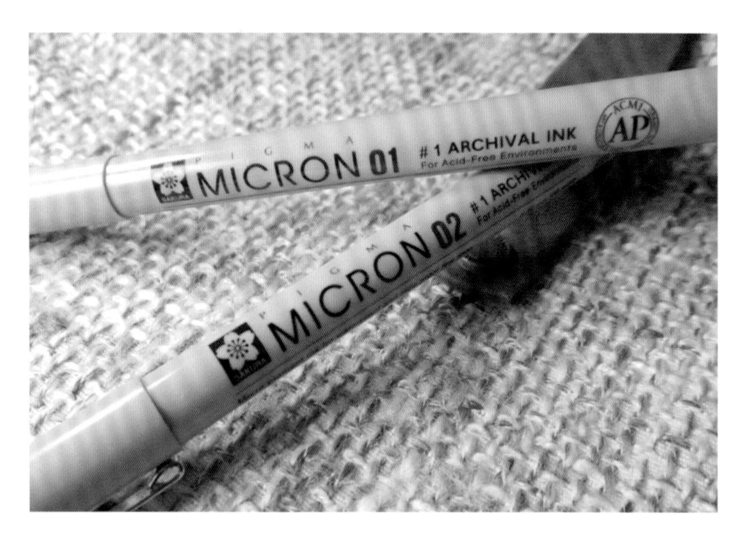

7. 针管笔

上图所示为樱花牌 01、02 号，用于细小线条的描绘。教程中出现的针管笔主要用于 Logo 边缘的修正。

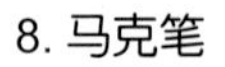

8. 马克笔

右图所示为 Touch 牌马克笔，适用于初学者，包括冷色系和暖色系，通常 40 色左右就够用了。马克笔有粗细两头，根据情况使用不同笔触以表达不同效果（教程中主要是 1 代 Touch 和少量 3 代的，但色号差别不大，例如文中出现的 YR35 和 35 都是指柠檬黄，具体看数字代号）。

9. 油性记号笔

油性笔有特殊的光泽感，主要用于手机屏幕的绘制，以及黑色背景或者黑色质感的绘制。

10. 彩色铅笔

如上图所示为辉柏嘉 36 色水溶性彩色铅笔，用于上色，本书中主要用于与马克笔颜色混合。这种彩色铅笔有一种细腻的质感。

11. 台灯

建议使用方便随时调整角度和光源的台灯。

12. 相机

相机主要用于记录你绘制的作品。

第2章　画前须知

（You better check it）

1	2
3	4
5	6

2.1 Logo的画法

1.画出Logo的外形。

2.3.4.用463号彩色铅笔为翠绿部分上色，用467号彩色铅笔为深绿部分上色，用G59马克笔覆盖彩色铅笔的颜色。

5.用铅笔加深内部阴影颜色。

6.用白色彩色铅笔和修正液画出高光处。

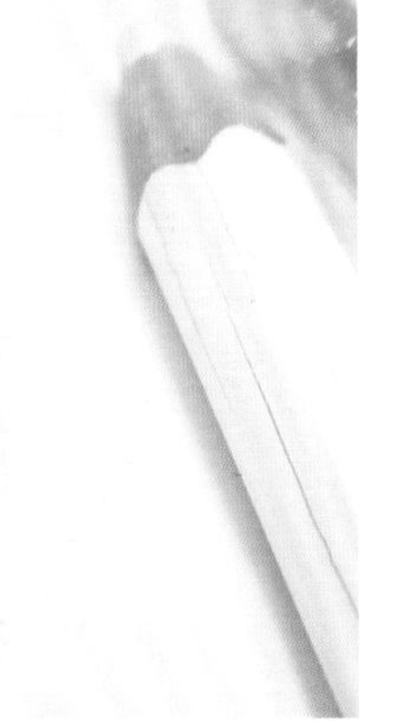

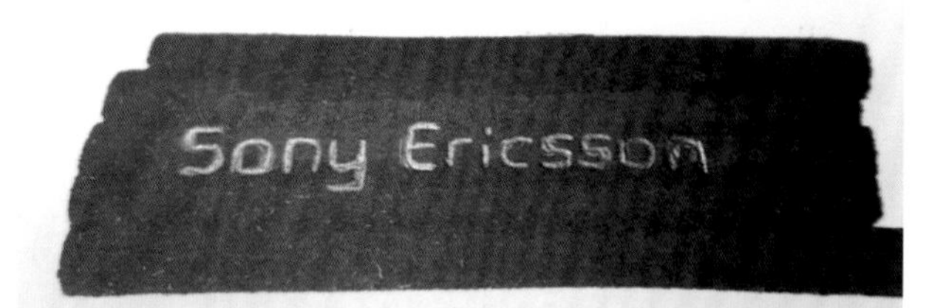

7	8
9	10
11	

7.用铅笔画出Logo边缘的金属感。

8.用铅笔写出字母。

9.用修正液覆盖铅笔写出的字母笔迹。

10.用01号针管笔将不需要的修正液部分涂抹覆盖，至此Logo绘制完成。

11.效果图。

1	2
3	4
5	6

2.2 手机屏幕的表现

1.2.用油性记号笔涂一遍手机屏幕，可以发现此时的油性笔墨水已被纸吸收，和马克笔效果差不多，稍等片刻至墨水干透。

3.4.5.6.用第一步的方法再次涂抹手机屏幕，进行至少三次的颜色叠加。

7	8
9	10
11	

7.8.9.10.11. 颜色叠加几次以后你会发现出来的效果类似油墨，颜色很黑而且具有较强的光泽感，和手机的玻璃屏幕质感相似（有风的情况下油墨凝固速度加快，能更快出效果）。

12 | 13

12.用修正液在屏幕边缘画出高光效果，至此手机屏幕的表现完成。

13.效果图。

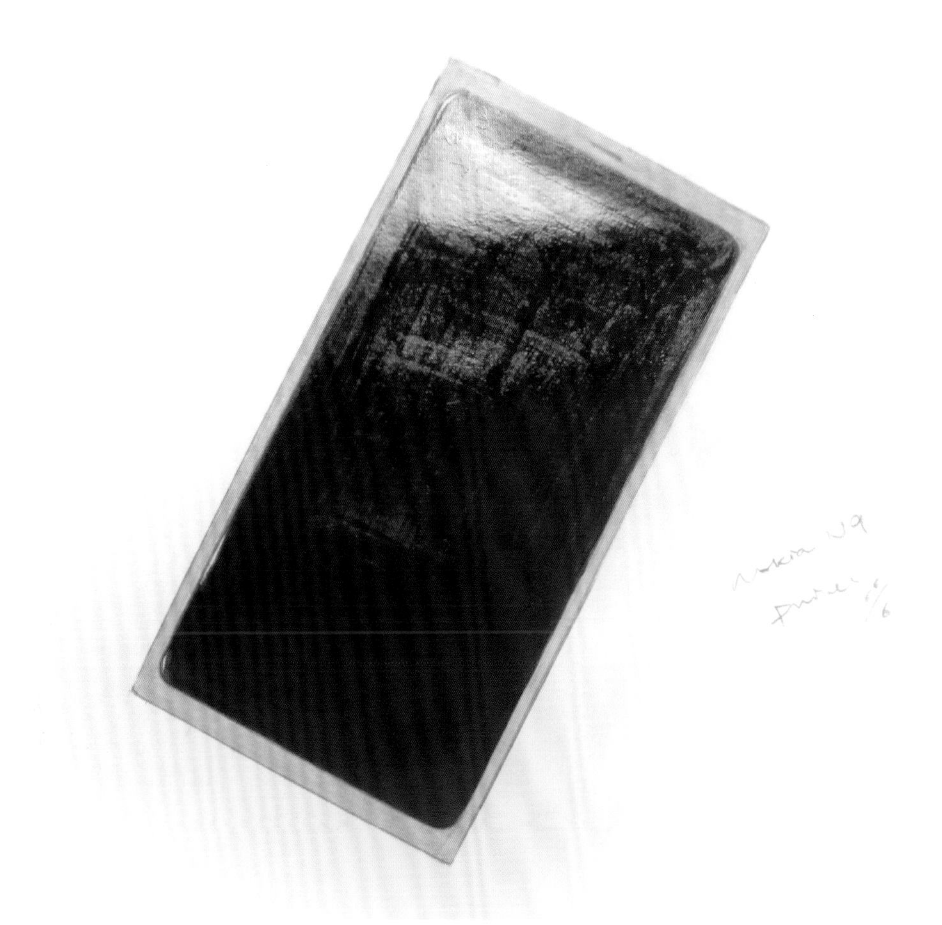

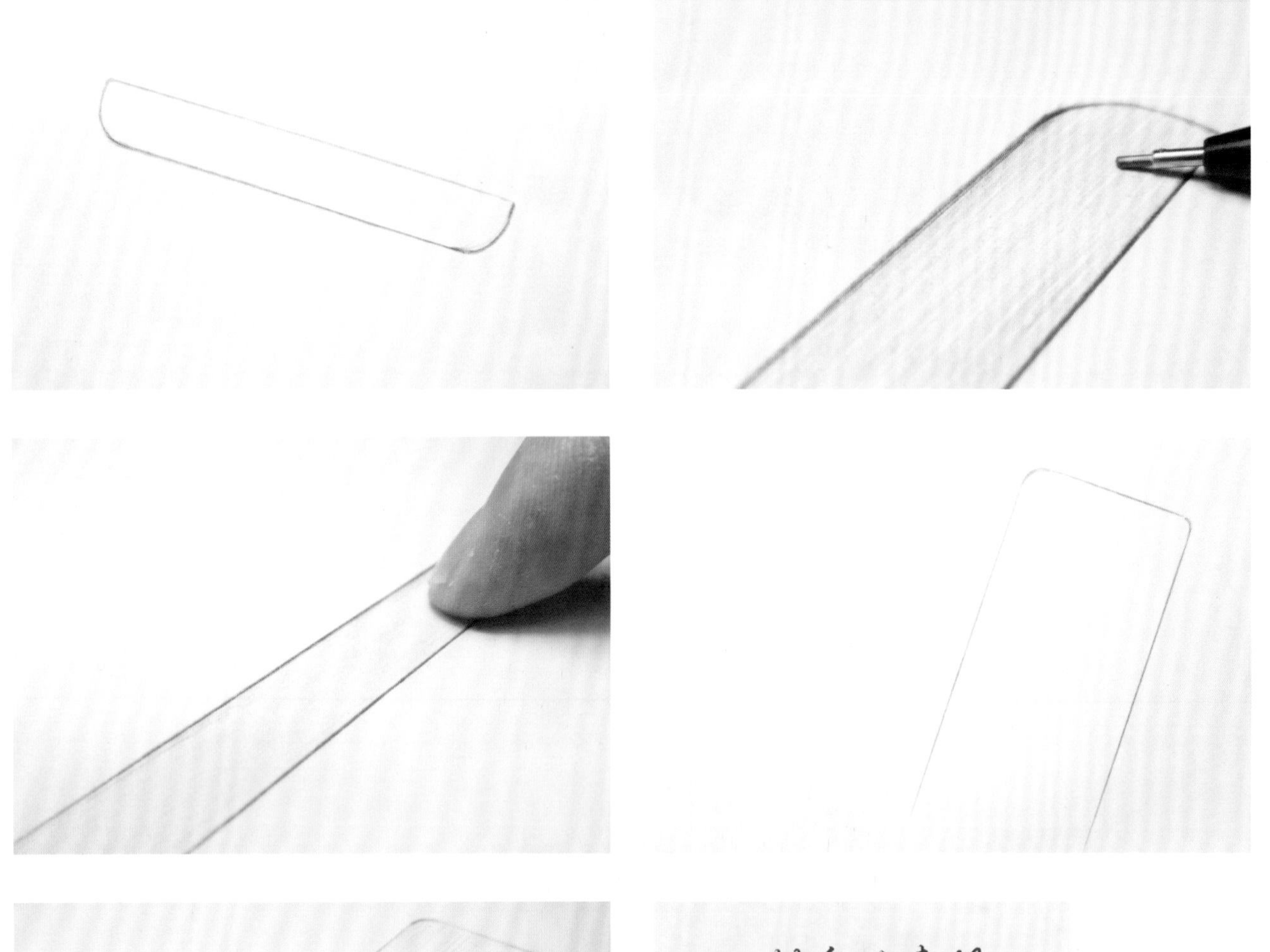

1	2
3	4
5	

2.3 材质的表现

1.2.3.金属灰：用铅笔进行密集排线，用手指或纸巾轻抹均匀即可。

4.5.金属拉丝：用铅笔进行不同间隔的排线。

6	7
8	9
	10

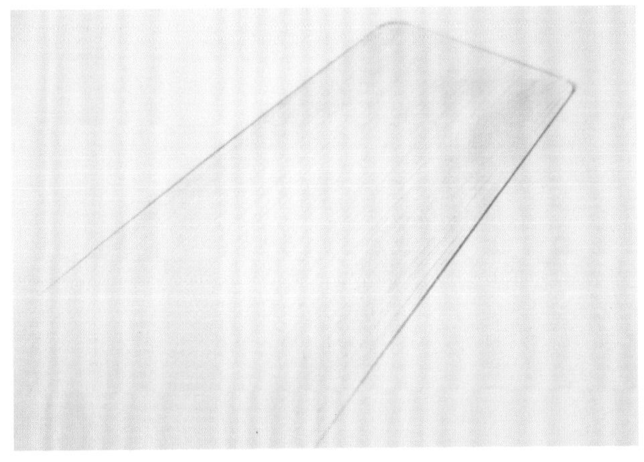

6.用手指或纸巾顺着拉丝方向涂抹，稍微注意力度，保留部分排线的铅笔痕迹。

7.用铅笔轻轻画出拉丝线条。

8.用橡皮擦出细小的白色拉丝。

9.这是马克笔与彩色铅笔各自的效果。

10.两者混合后得到一种富有质感的颜色。

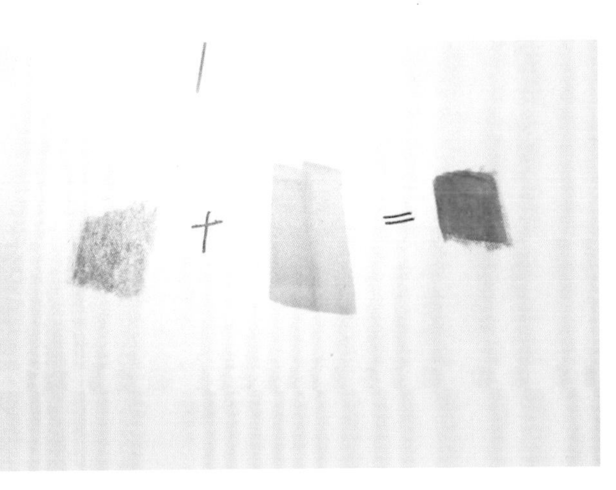

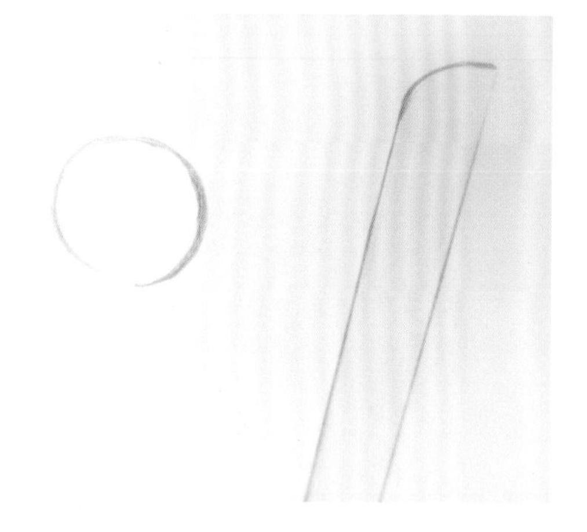

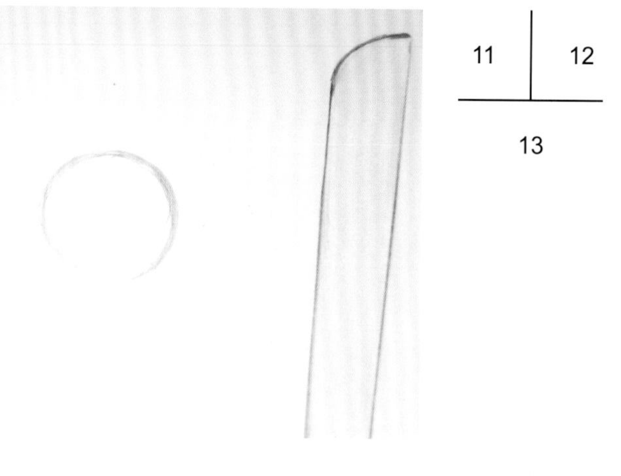

11 | 12

13

11.12.白色塑料：用修正液表现。

13.用黑色圆珠笔表现结构边缘，因为圆珠笔笔迹有油性、富有光泽，能表现出物体边缘的光泽度。

1	2
3	4
	5

2.4 光与影

1.2.首先将一个马克笔盖子放到绘画物体旁边，观察盖子的投影情况，此时可以确定光源的位置。

3.图中用铅笔画出的便是投影的范围。

4.从如图所示的一边开始画投影，手机底部与纸面交界处是阴影最深的地方。

5.从手机边缘向外排线。

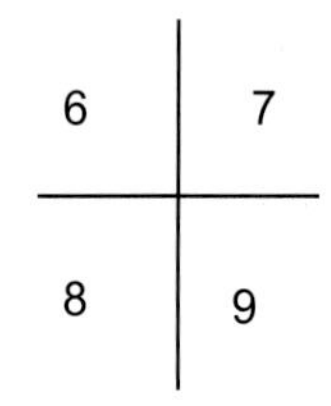

6.用手指或纸巾涂抹，使得投影过渡得自然。
7.另一边由于角度问题则投影相对较小。
8.用圆珠笔描边（两条投影的边界），至此，投影的表现完成。
9.效果图。

1	2
3	4
	5

Nokia N9
尺寸：116.4mm × 61.2mm × 12.1mm
屏幕大小：3.9英寸

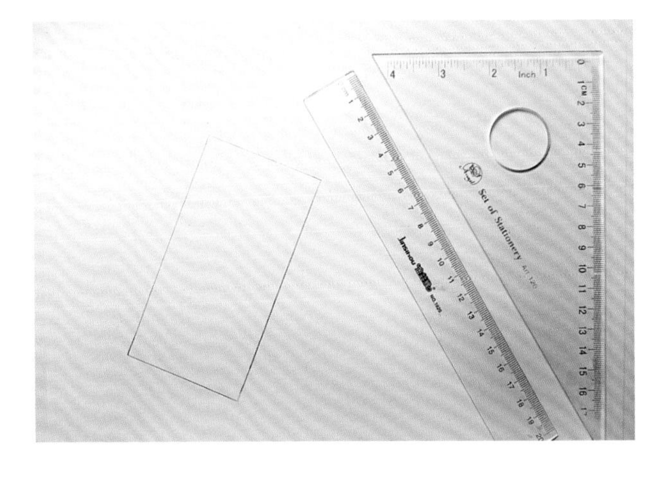

2.5 起稿与构图

1.（Nokia N9，直角）首先到相关网站了解具体尺寸，并下载官方图以参照。

2.利用三角板和直尺绘制手机外框。

3.（Galaxy S4，圆角）首先根据手机的比例尺寸画出手机的宽度。

4.根据构图位置定出手机的顶边。

5.然后根据手机的长度尺寸定出手机的底边。

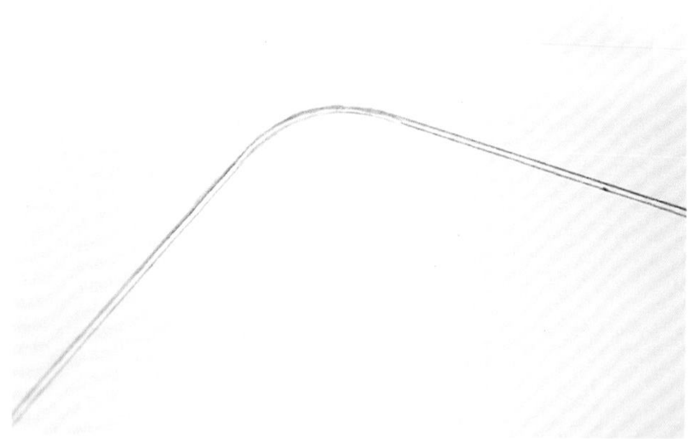

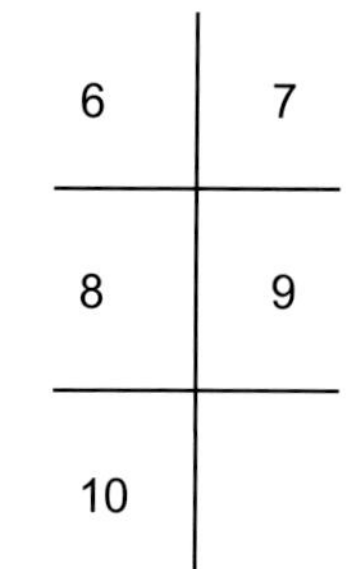

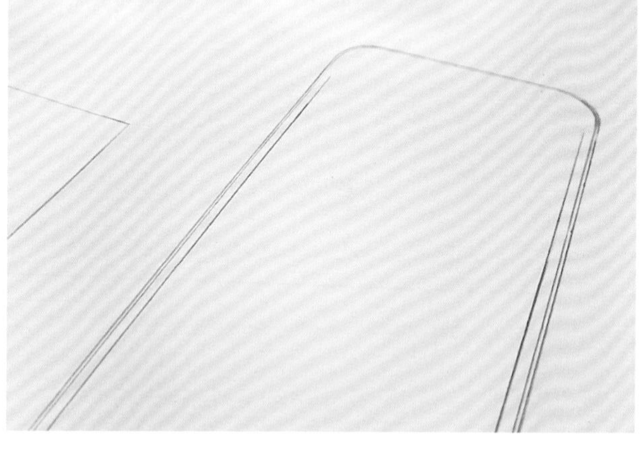

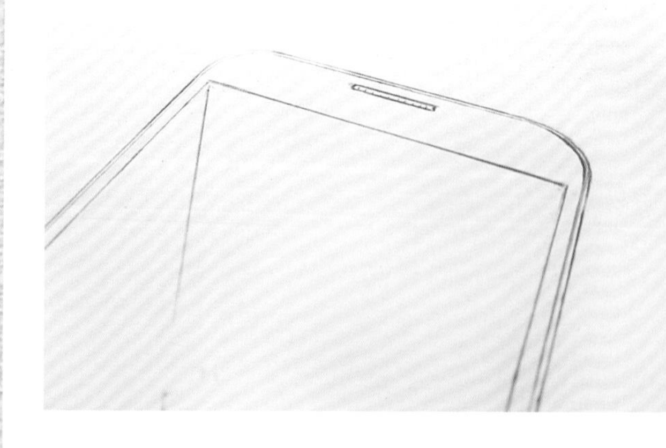

6.绘制圆角。

7.若无法找到边框的具体数据，通常情况下可以目测，这里将其塑料外框定为0.5mm。

8.边框定为左右距离外框2mm。

9.目测定出上下屏幕边，观察屏幕大小的长宽比是否符合。这个过程可以多次尝试，当你对手机外形比较了解的时候，这种目测定位的方法就会比较得心应手了。

10.用直尺量出屏幕对角线的长度，计算公式为：屏幕尺寸=对角线长度(cm)/2.54，只要误差控制在0.1cm之内即可。

11 12
13 14

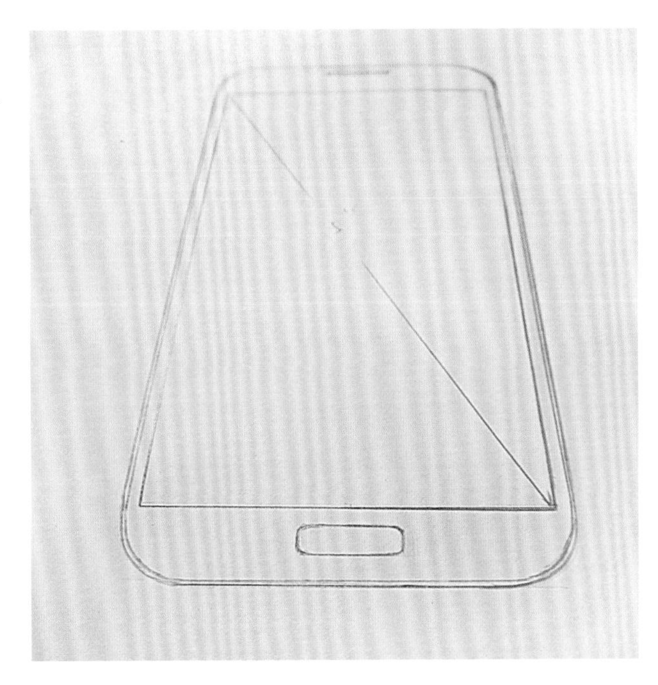

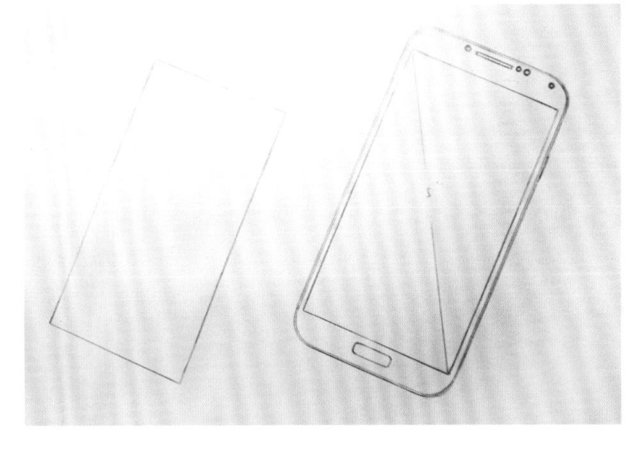

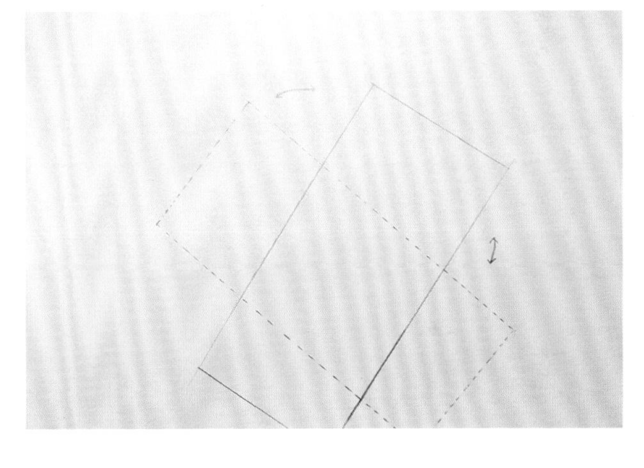

11.确定听筒的位置，然后再根据听筒的位置和大小确定出Home键。

12.绘制出传感器和前摄像头、电源键。至此，线稿完成。

13.物体构图选择居中构图式，因为这种构图方式适合突出绘画主体。

14.如图所示为居中旋转角度式构图（适合突出绘画主体）。

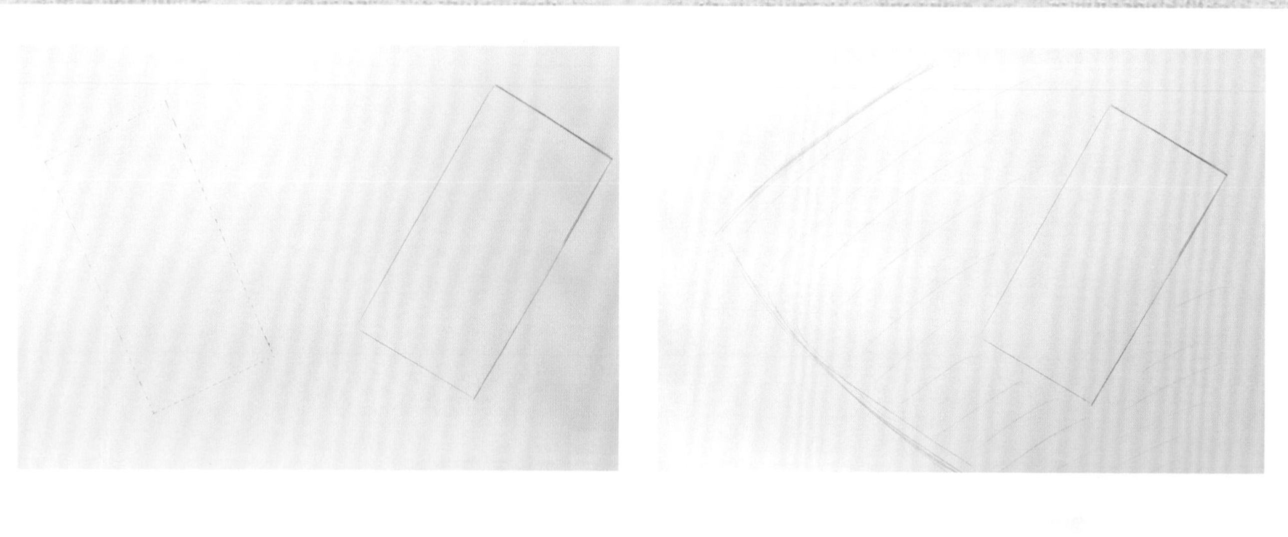

15 | 16

17

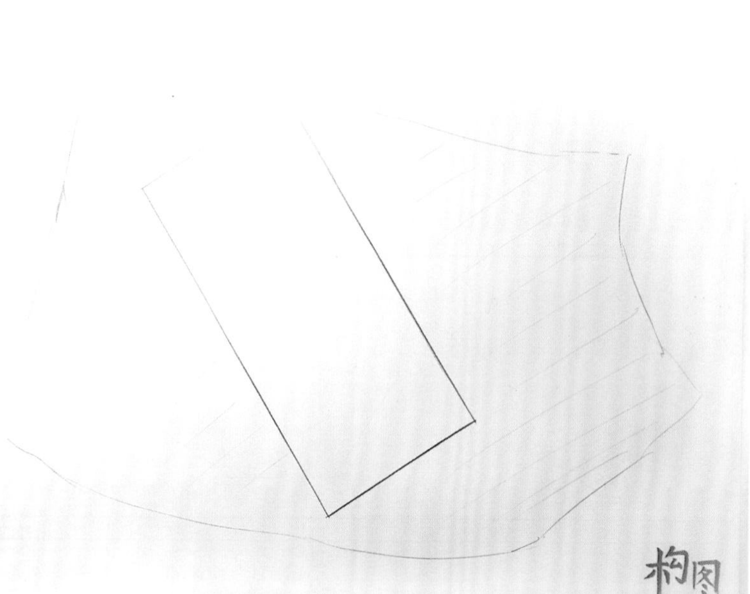

15.如图所示为居左或居右式构图（适合以背景为主突出主体）。

16.如图所示为空间式背景构图：背景大小超出纸张，适合营造意境。

17.背景大小占纸张的50%左右，其余留白，适合写实风格的刻画；无背景适合静物的写实风格。背景的构思可以根据手机的特色功能、外形、色彩，从而选择突出主题的背景。

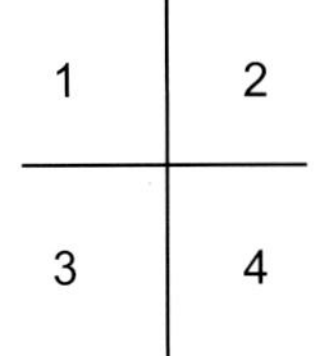

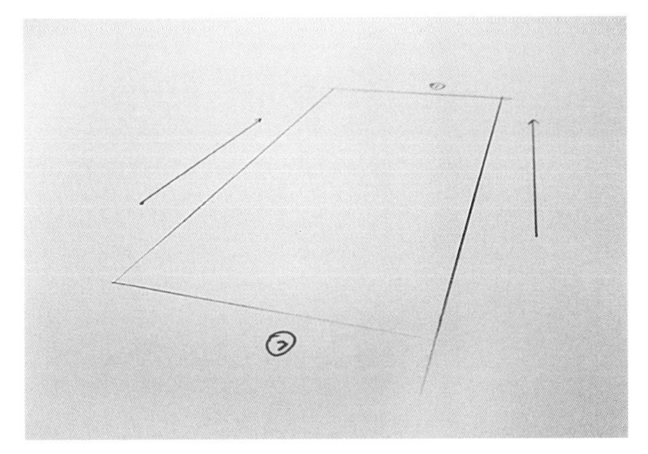

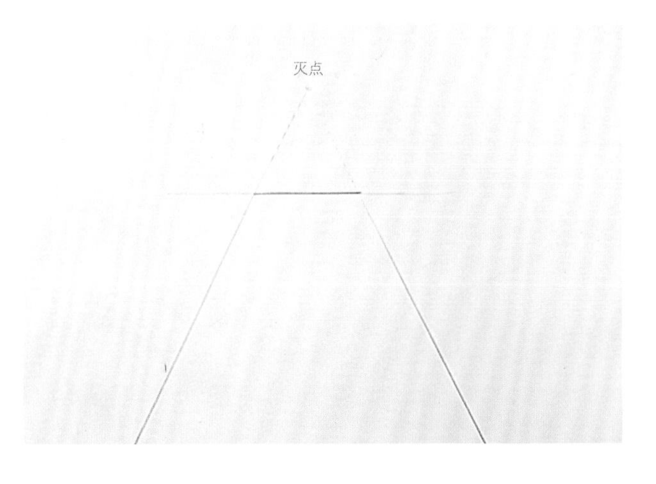

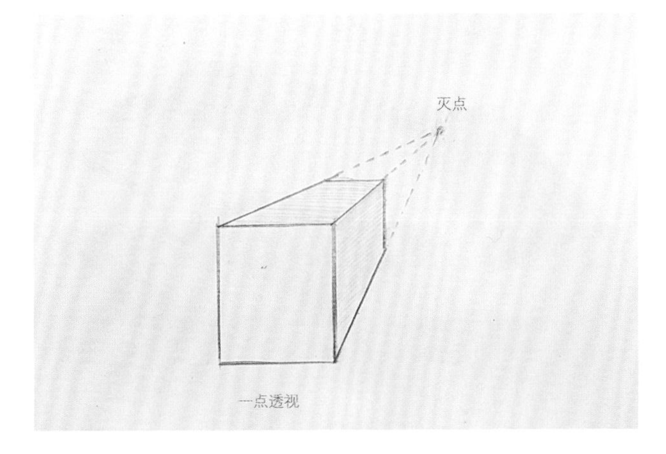

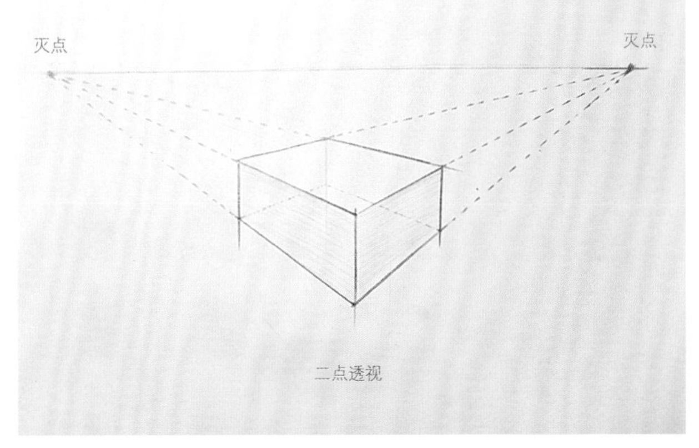

2.6 透视的原理

1.透视的效果：近大远小，图中2号边离你的视线近，因此比离你视线远的1号边要长。

2.透视的灭点，可以根据灭点画出透视效果。

3.一点透视：灭点只有一个。

4.两点透视：存在两个灭点。

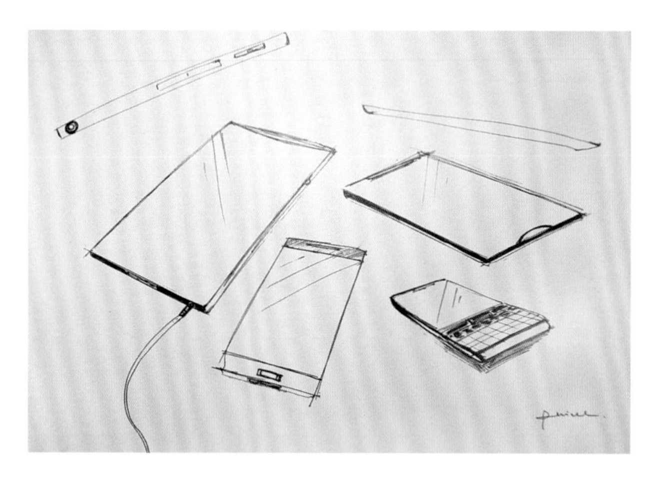

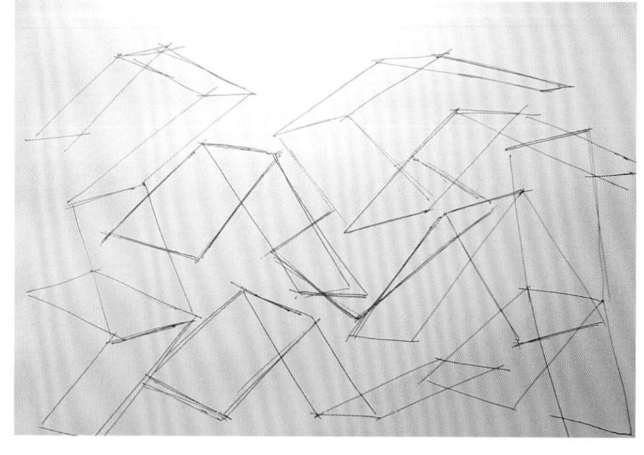

5	6
7	8
9	

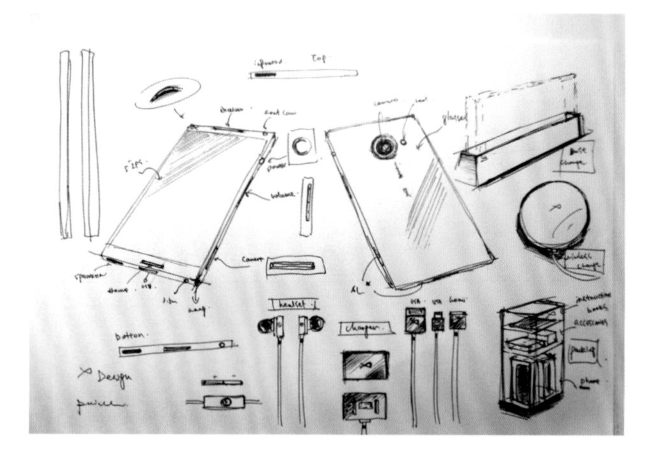

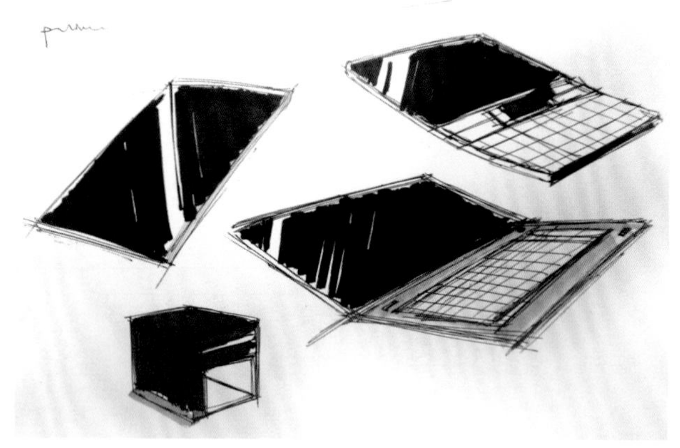

5.6.平时可以多做一些透视效果的练习，增加对于透视的理解和手感。

7.8.在你有设计灵感时将灵感画下来。

9.效果图。

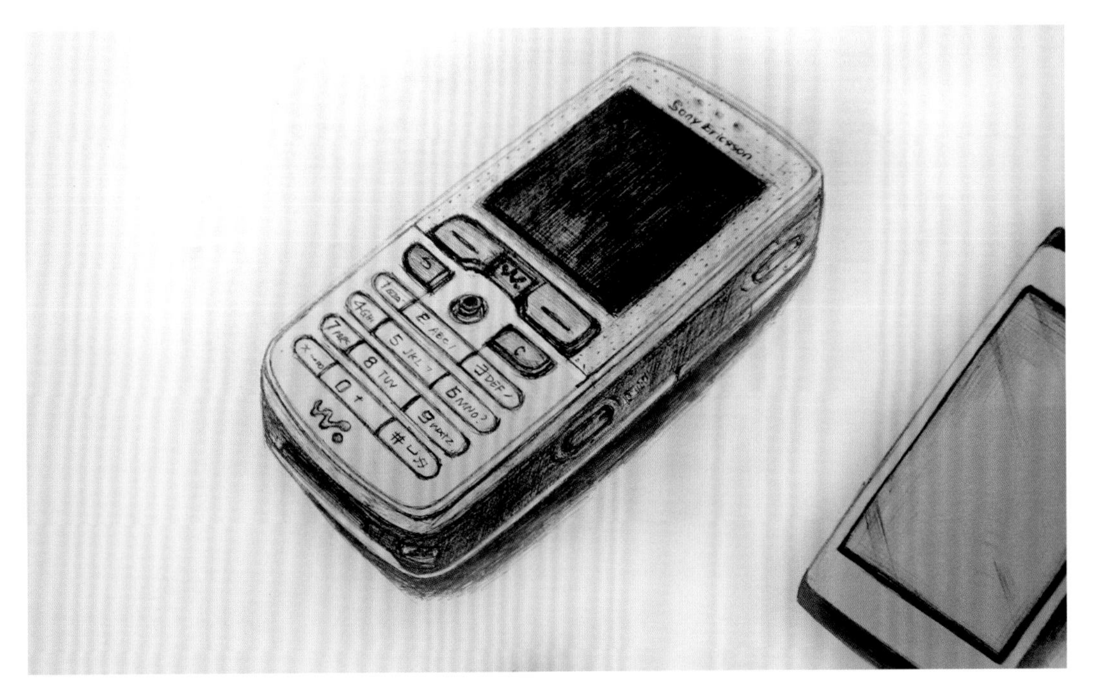

效果图一

效果图二

Sony Ericsson

效果图三

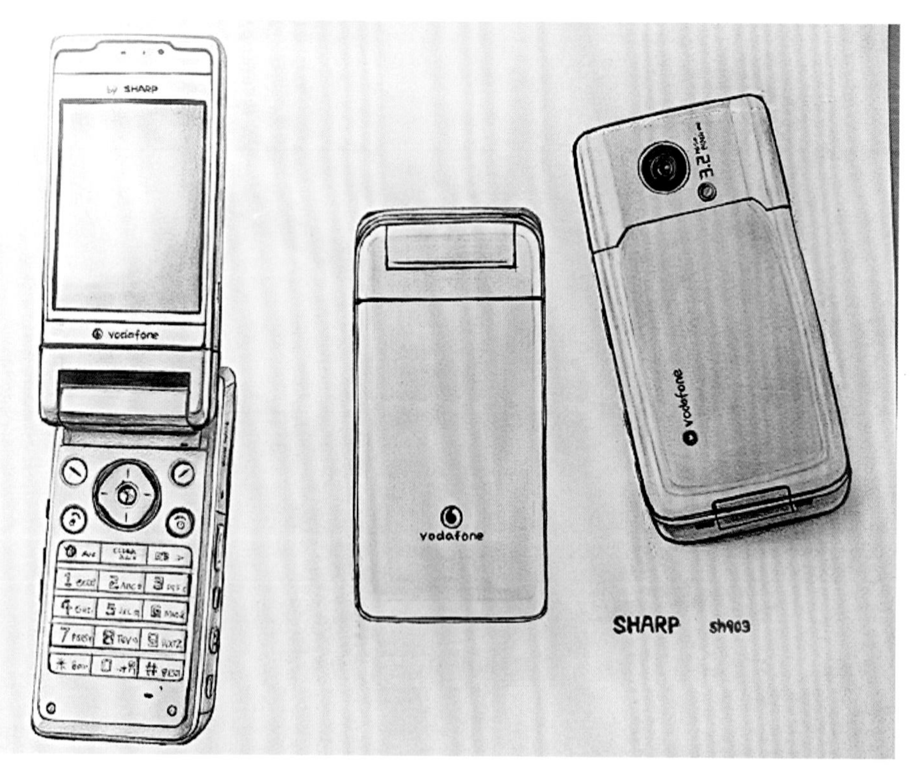
by SHARP
vodafone
vodafone
vodafone
SHARP sh903

效果图四

1	2
3	4
	5

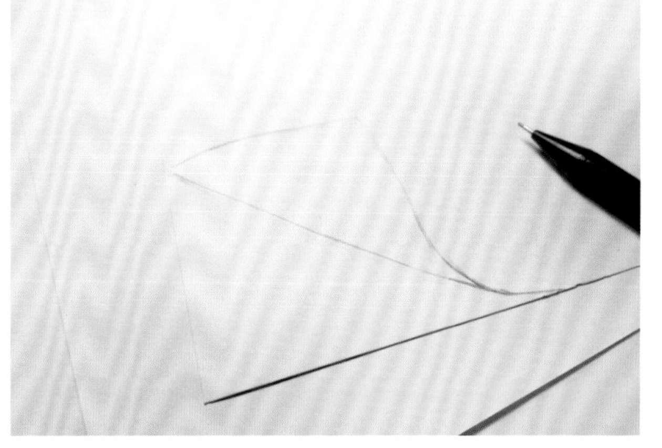

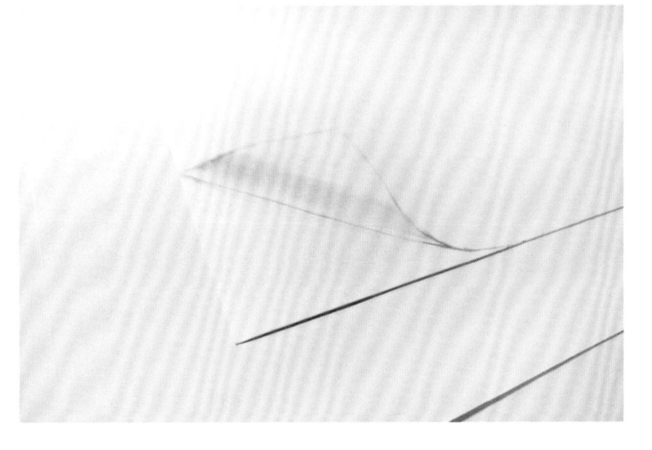

2.7 3D素描的画法

1.首先你可以弯曲纸张的一个角，这张纸底下还有一张白纸。仔细观察卷起部分的阴影。
2.用铅笔画出纸张卷起的形状。
3.给纸面加上阴影。
4.5.画出纸张卷起部分与纸面交接的投影，用手指或纸巾柔化投影。

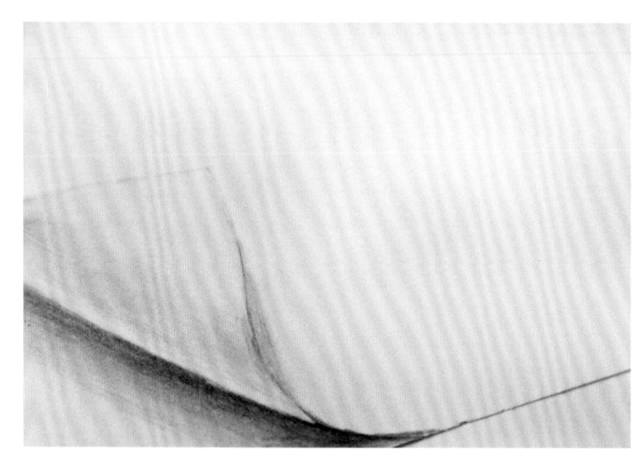

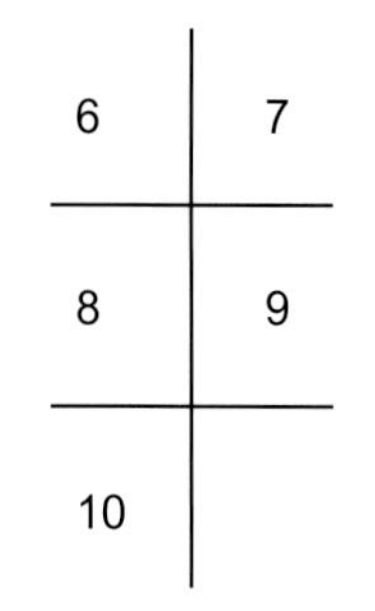

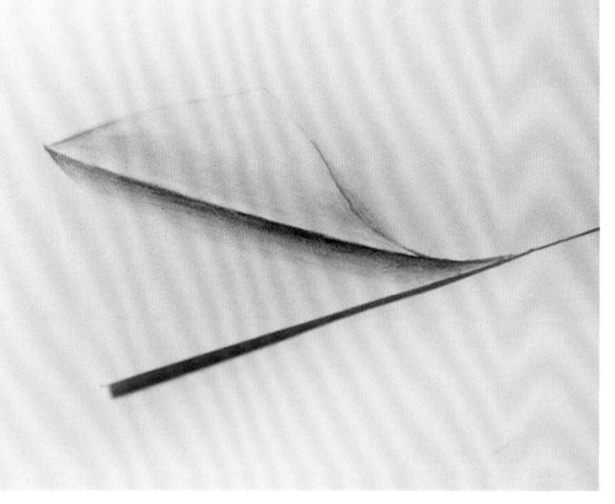

6.画出纸张卷起部分底部的反光处，通过阴影突出立体感。

7.8. 画出卷起部分在纸张内的投影。

9. 加深卷起部分在纸上的阴影。

10.效果图。

11	12
13	14
	15

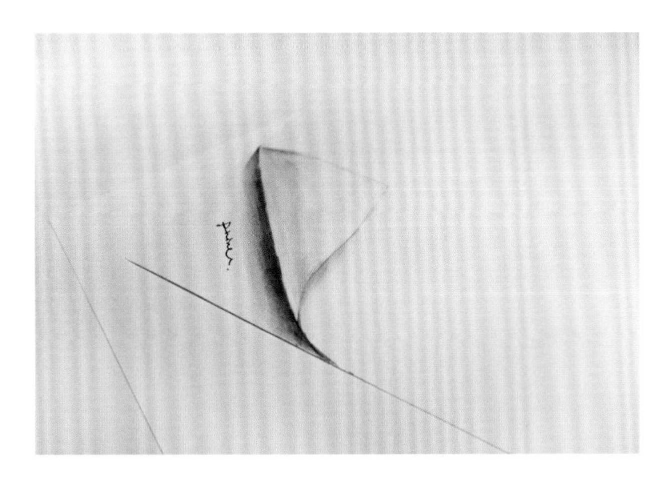

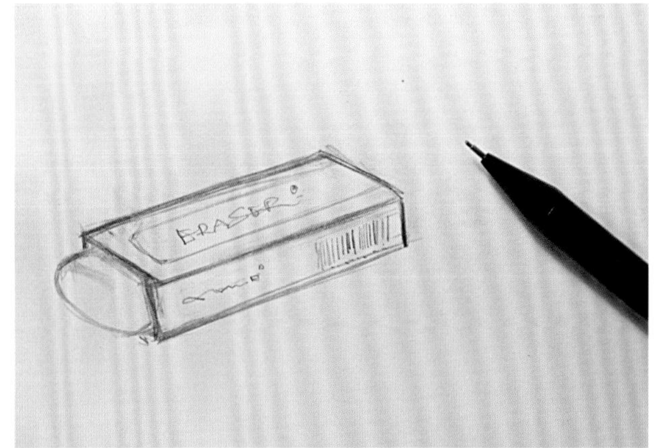

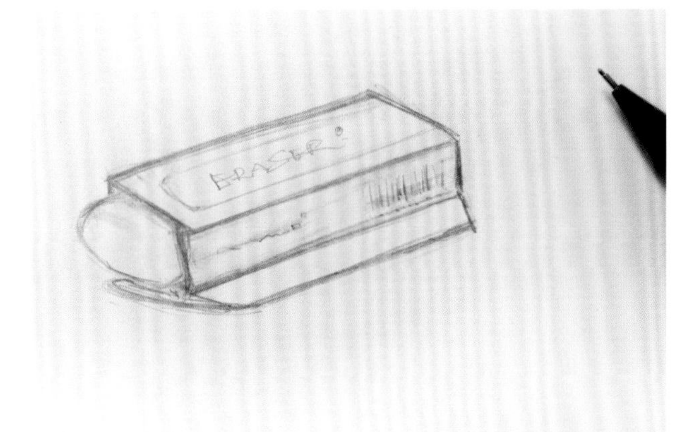

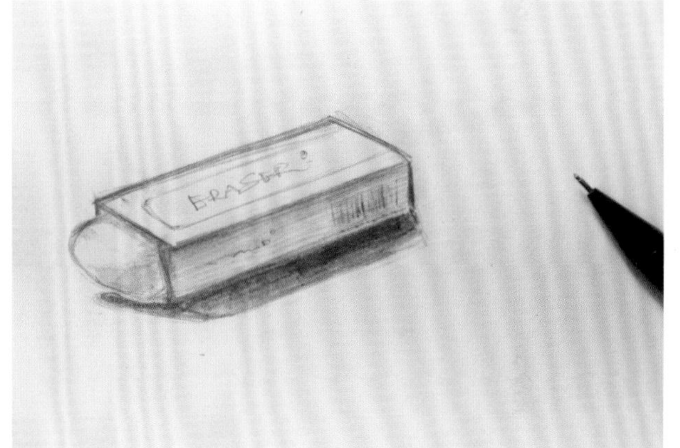

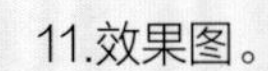

11.效果图。

12.画一块平躺透视效果的橡皮擦。

13.画出投影的区域。

14.15.画出投影，并画出橡皮擦底部的投影。

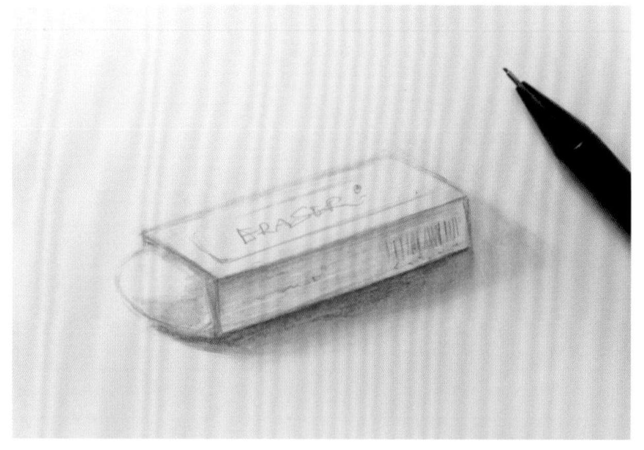

16	17
18	19
20	

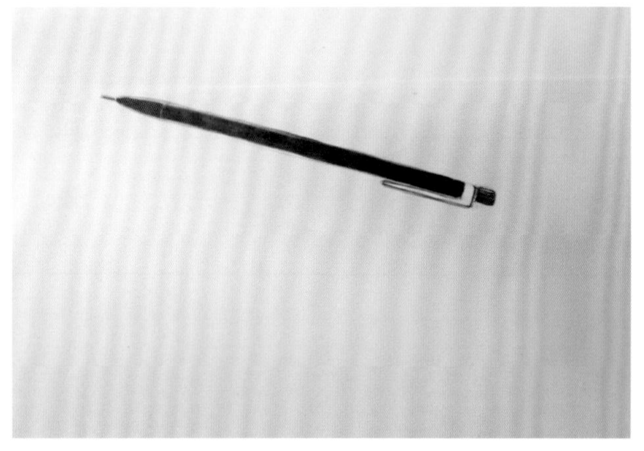

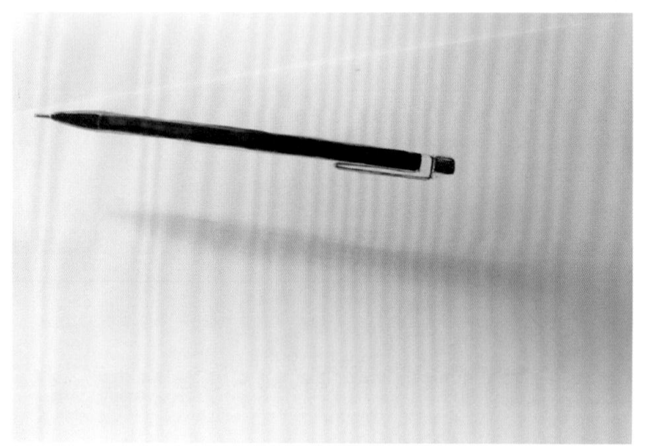

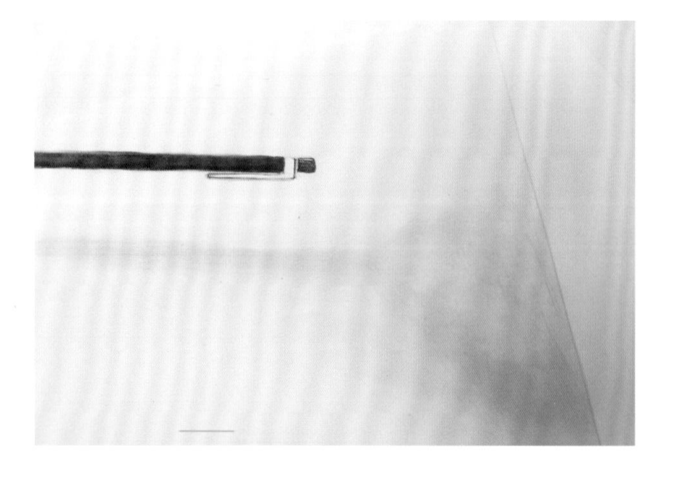

16.用橡皮擦淡化顶部迎光面的铅笔痕迹。

17.效果图。

18.画一支自动铅笔。

19.根据光源方向在笔的下方画出投影。

20.再画出手拿着笔的投影形状。

21	22
23	24
	25

21.拍照时将手移至笔的底部即可。
22.画眼镜架的铅笔稿。
23.用油性记号笔上色。
24.用铅笔为镜片增加一些灰度。
25.用01号针管笔修正边缘和线条结构。

26	27
28	29
30	

26.27.根据光源方向画出镜框在直面上的投影。

28.用白色彩色铅笔画出镜框的光泽感和一些字符细节。

29.用修正液画出镜片上方有台灯正对着部分的反光效果。

30.效果图。

第3章　手机篇
（Phones）

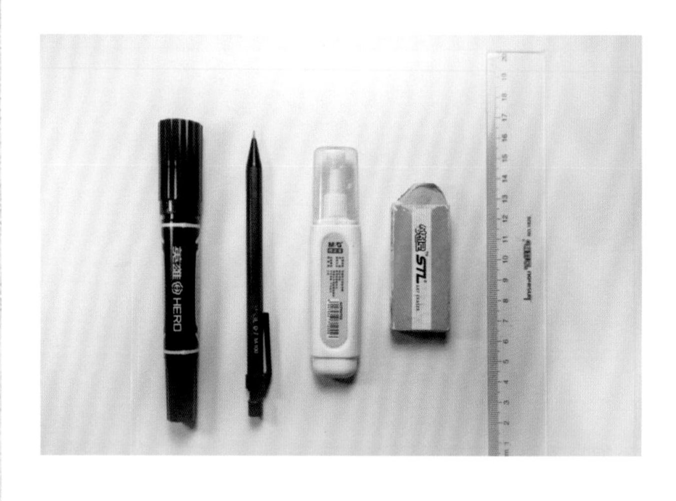

1	2
3	4
5	

3.1 沉睡的Galaxy S4

1.工具准备：A4纸、油性记号笔、0.7芯自动铅笔、修正液、橡皮擦和直尺。

2.根据透视原理画出手机基本外形。

3.用油性笔记号笔为屏幕上色，留白以体现玻璃光泽。

4.5.画出Home键、听筒、传感器和前摄像头，注意圆形的传感器和摄像头在透视的效果下是椭圆的。

6	7
8	9
	10

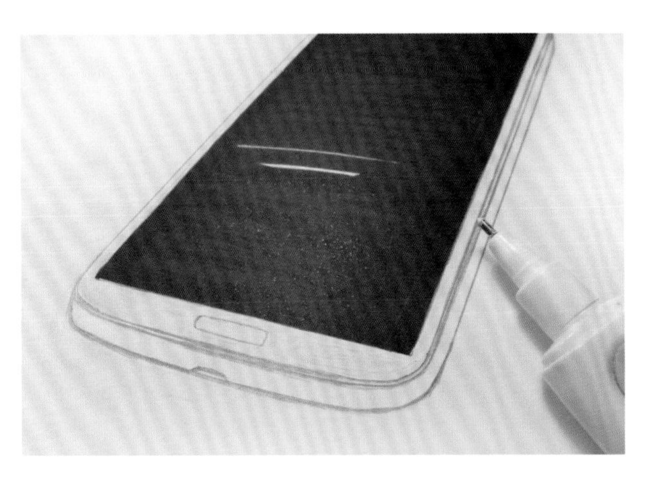

6.7.用修正液为正面板白色塑料部分上色，用铅笔描绘听筒、感应器、摄像头、Home键和Logo的细节。

8.用铅笔画出边框金属拉丝的效果。

9.根据光源为机身底部画上投影，至此本图完成。

10.效果图。

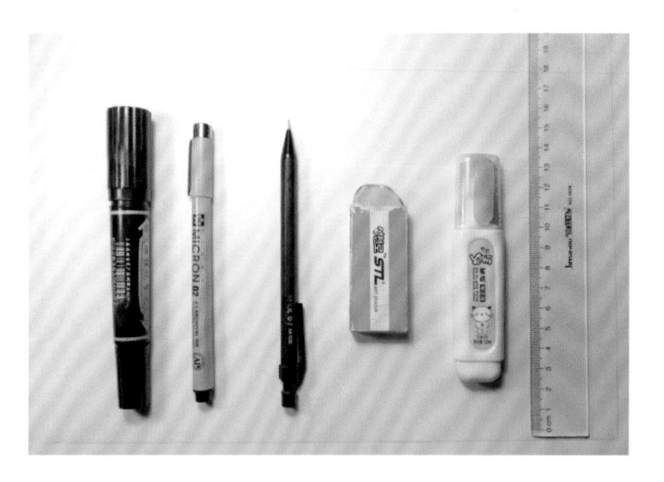

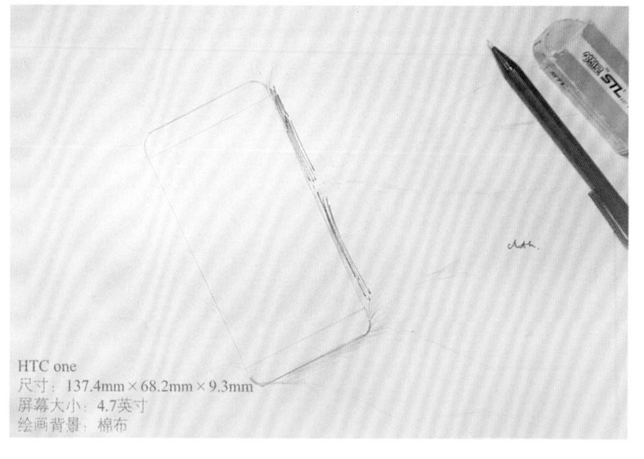

1	2
3	4
5	

3.2 平躺的HTC one

1.工具准备：A4纸、油性记号笔、02号针管笔、0.7芯自动铅笔、橡皮擦、修正液和直尺。

2.了解手机尺寸，根据构思画出草图。

3.另拿一张白纸，根据尺寸画出手机外形，画出屏幕、摄像头等位置。

4.用油性记号笔为屏幕和正面板上色。

5.修正液配合02号针管笔画出HTC Logo以及虚拟按键。

6	7
8	9
	10

6.画出前置摄像头（注意摄像头的结构），并为传感器上色。

7.用铅笔定位画出上下扬声器的位置。

8.9.用铅笔画出点阵，横向是4排，把握每个点阵的距离，细心完成。

10.用橡皮擦轻轻擦去扬声器定位的框线。

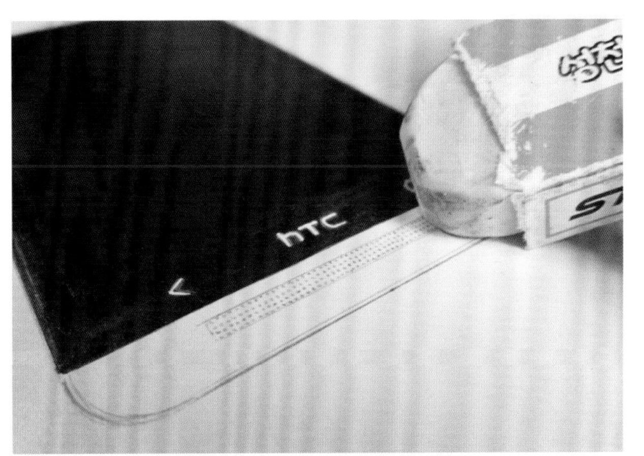

11	12
13	14
15	

11.12.13.用铅笔轻涂上下面板（如图所示），画出金属灰的质感。

14.用铅笔描边，至此，手机本体完成。

15.布的画法：取一块眼镜布，仔细观察褶皱的走向以及明暗关系。想象纸面是一块有厚度、质地松软的棉布。

16	17
18	19
	20

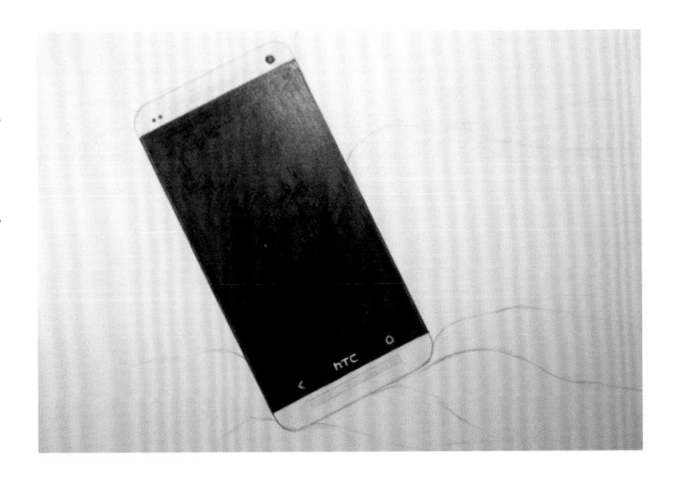

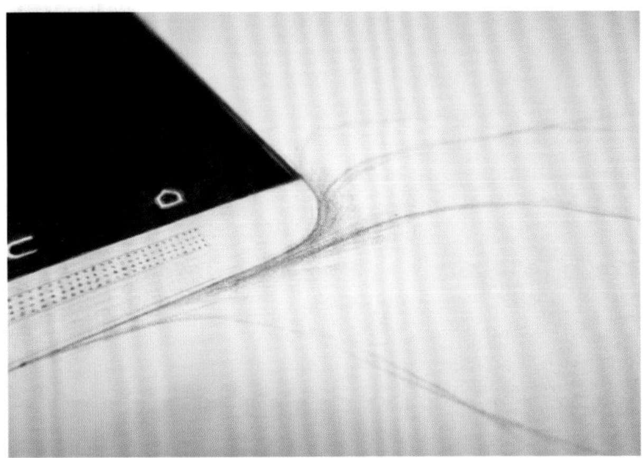

16.确定布的褶皱纹理。

17.机身与布面接触的位置阴影最深。

18.画出机身两边的阴影效果。

19.20.用铅笔在布的表面画排线。

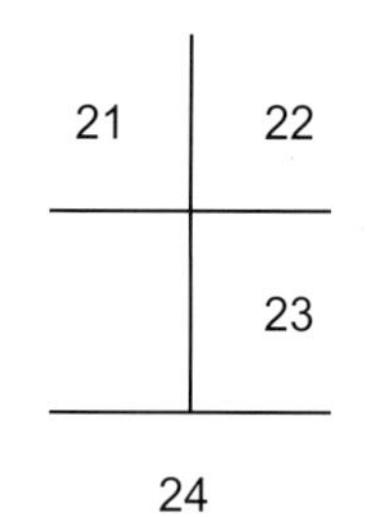

21.用手指或者纸巾涂抹排线的铅笔痕迹，使颜色均匀，对于褶皱的暗部可以加强涂抹的力度。

22.用铅笔进一步强调布的明暗关系和褶皱的结构。

23.用橡皮擦出布的高光处，修正全图细节。至此，本图绘制完成。

24.效果图。

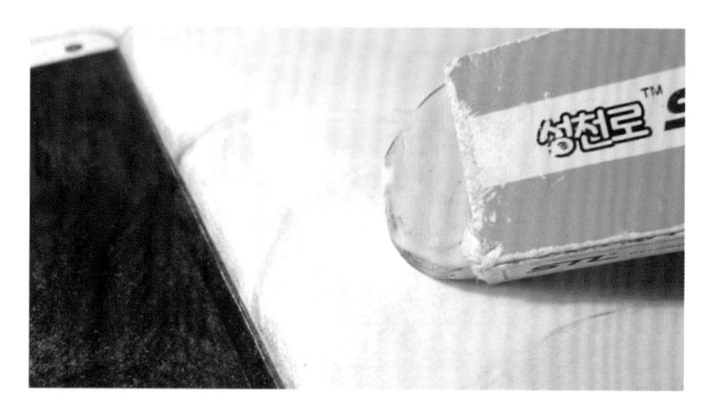

1	2
3	4
	5

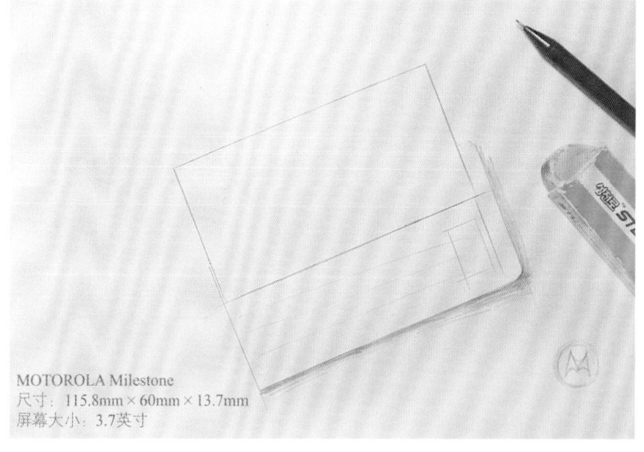

3.3 键盘君@Milestone

1.工具准备：A4纸，油性记号笔，WG9、BG-05、CG-4号马克笔，483号彩色铅笔，白色彩色铅笔，01号针管笔，圆珠笔，0.7芯自动铅笔，修正液，橡皮擦，直尺。

2. 了解手机尺寸，根据构思画出草图。

3.根据手机尺寸和外形画出线稿。

4.用油性记号笔为正面板和屏幕上色，注意边框结构上的留白（如图所示）。

5.听筒位置用WG9马克笔上色，再用圆珠笔描边。

6	7
8	9
10	

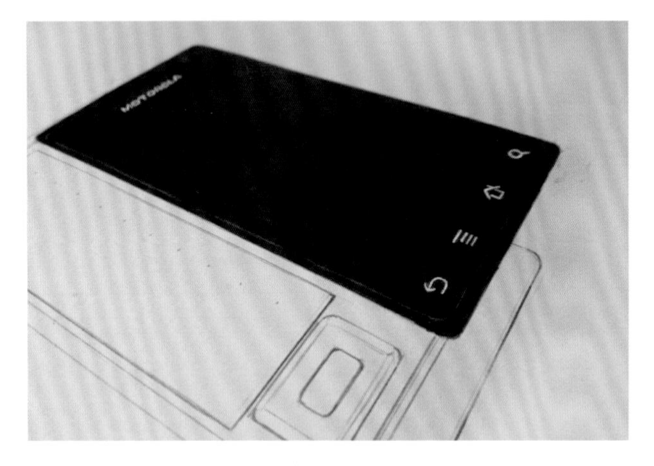

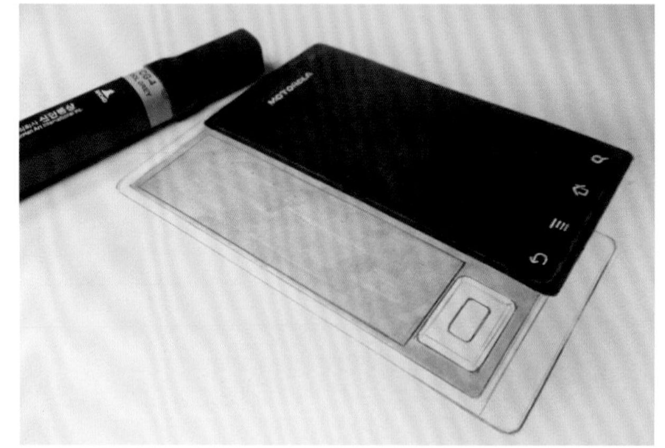

6.7.用WG9号马克笔为前摄像头和传感器上色，再用修正液配合01号针管笔画出Logo和4个虚拟键。

8.用WG9为之前边框结构上的留白上色。

9.用CG-4为键盘区域上色。

10.根据键盘的长和宽用铅笔和直尺将键盘平分为横4排、纵10排。

11	12
13	14
	15

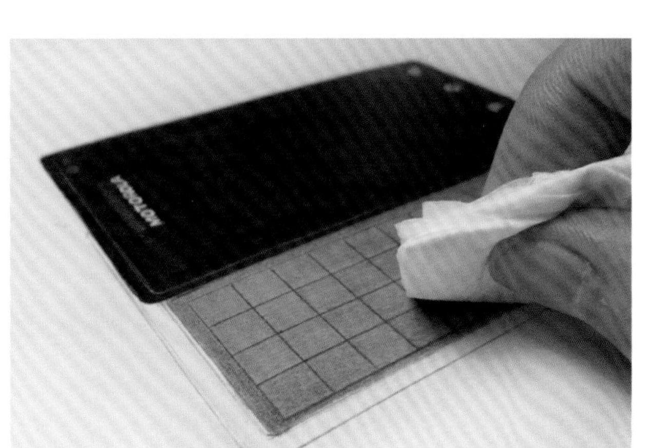

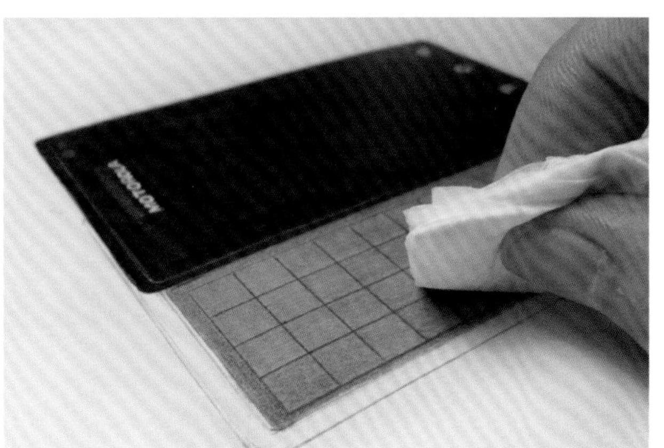

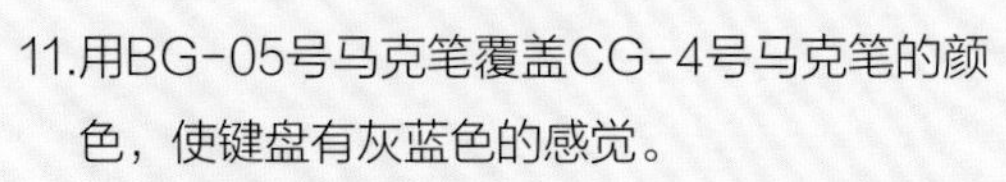

11.用BG-05号马克笔覆盖CG-4号马克笔的颜色，使键盘有灰蓝色的感觉。

12.13.用铅笔在键盘区浅涂一遍，然后用纸巾涂抹均匀。

14.再用CG-4号马克笔覆盖铅笔的颜色。至此，键盘区颜色完成。

15.用修正液将键盘字母和特殊符号逐一画出。

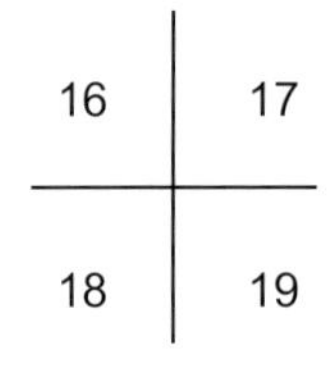

16.用铅笔勾勒字母和特殊符号的边缘（用铅笔颜色覆盖不需要的修正液部分）。

17.用圆珠笔给键盘缝隙描边，增强立体感。

18.再用铅笔加深键盘区整体颜色，使字母边缘的铅笔颜色深度与键盘颜色一致。

19.用油性记号笔为导航键上色，注意按键结构边缘上的留白。

20	21
22	23
	24

20.21.用483号彩色铅笔画出导航键的确定键的镭射状，用铅笔强化镭射的线条。

22.用圆珠笔加深按键间的颜色深度。至此，键盘区绘制完成。

23.按照键盘区上色的方法完成机身下半部分的上色，注意某些结构上的留白。

24.用白色彩色铅笔画出屏幕反光的效果以及按键边缘的光泽。

25

26

25.用铅笔画出机身下方的投影。至此，本教程完成。

26.效果图。

1	2
3	4
	5

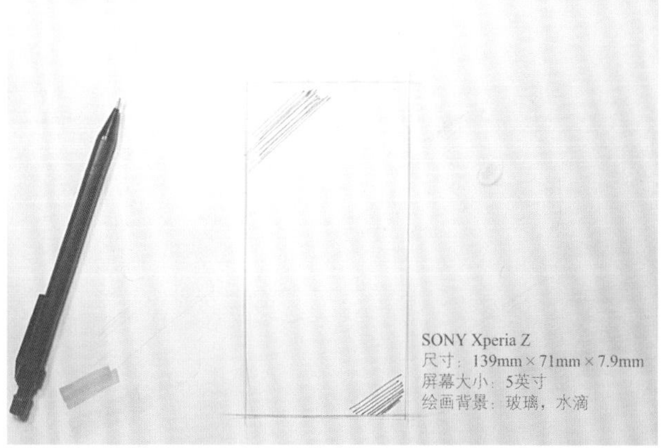

3.4 出浴的Xperia

1.工具准备：A4纸，油性记号笔，BG-03、GY48、76号马克笔，415、445、451、467、470号彩色铅笔，01、02号针管笔，0.7芯自动铅笔，橡皮擦，修正液，三角板。

2. 了解手机尺寸，根据构思画出草图。

3. 根据手机尺寸和外形，用铅笔和三角板在纸张居中位置画出机身、摄像头、听筒等结构。

4.用470号彩色铅笔画出草丛大概形状，随意画出大概形状即可。

5.用467号彩色铅笔画出颜色较深的草丛。

6	7
8	9
10	

6.用GY48号马克笔笔触大的一端侧面画出草丛的笔触。

7.再用467号彩色铅笔加深深色草丛的颜色，最后用GY48号马克笔覆盖467号彩色铅笔的颜色，使画面更饱满。

8.用铅笔画出草丛远处的树林、山等剪影形状。

9.用02号针管笔为树林上色。

10.用445号彩色铅笔画出深山剪影的深蓝色。

11	12
13	14
	15

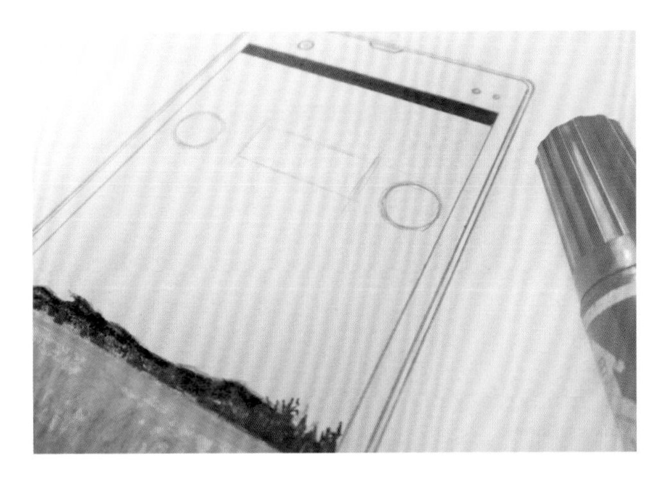

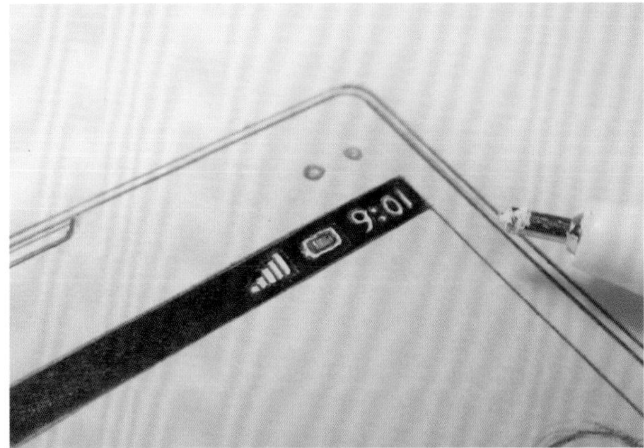

11.用油性记号笔为屏幕上方状态栏上色，并用铅笔确定时间等插件的位置。

12.用修正液画出信号、电池状态和时间图标。

13.用445号彩色铅笔画出天空蓝色部分，注意渐变的表现。

14.用415号彩色铅笔画出晚霞云朵的颜色，用铅笔画出晚霞云朵的阴影。

15.用76号马克笔覆盖天空的彩色铅笔颜色。

16	17
18	19
20	

16.用445号彩色铅笔加强天空蓝色的对比。

17.通过修正液配合铅笔依次画出插件和时间。

18.至此，屏幕内容的绘制完成。

19.用油性记号笔为正面板上色。

20.用BG-03号马克笔配合铅笔完成听筒、传感器和前摄像头的上色。

21	22
23	24
	25

21.用圆珠笔加强听筒边缘的结构。

22.手机边框用BG-03号马克笔上底色。

23.用435号彩色铅笔在马克笔基础上上色。

24.用铅笔描绘一次边框的线条，并画出电源键和音量键。

25.修正液配合01号针管笔画出Logo。至此，手机本体完成。

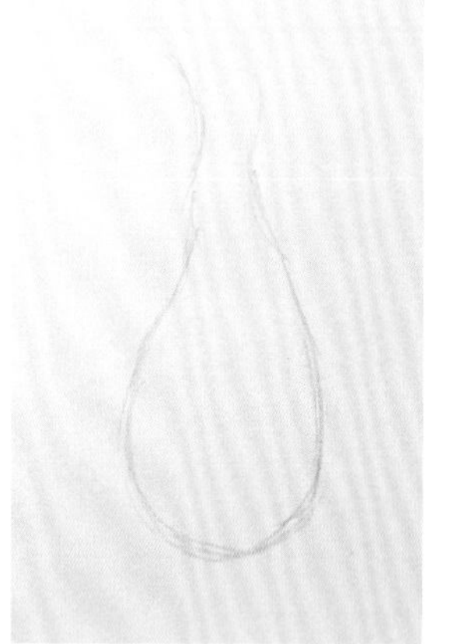
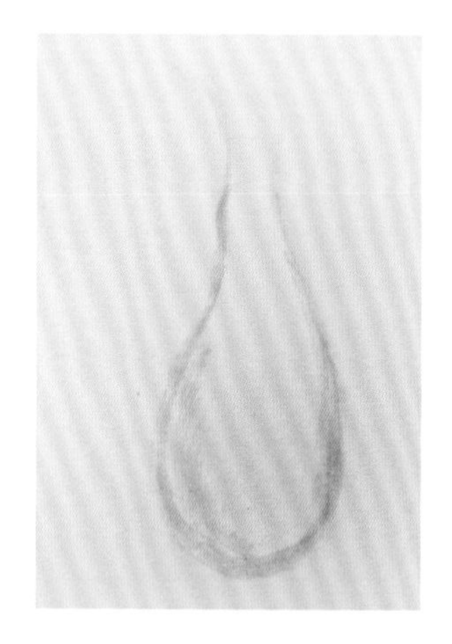
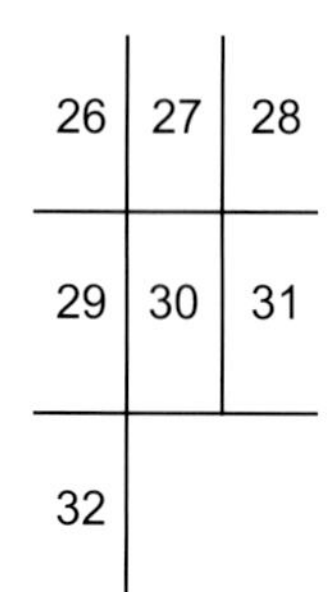

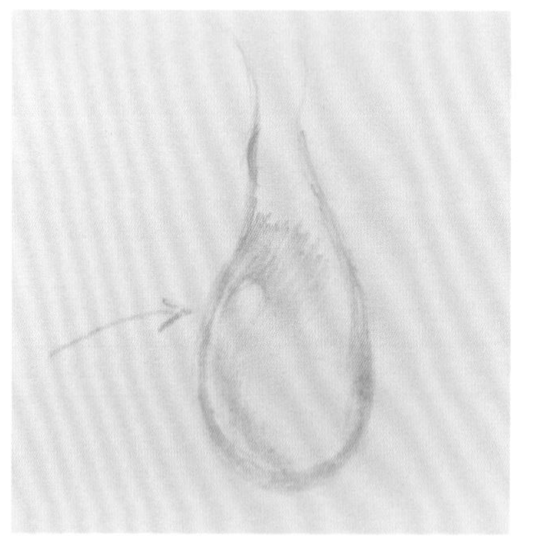
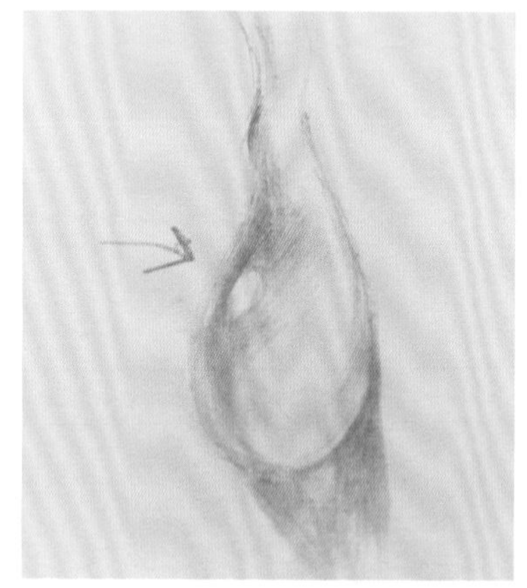
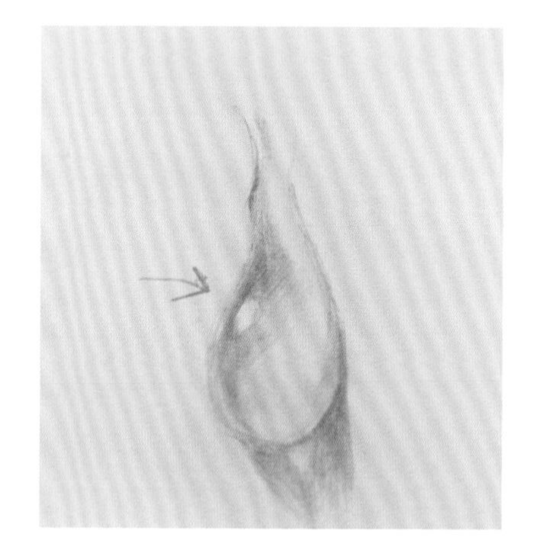
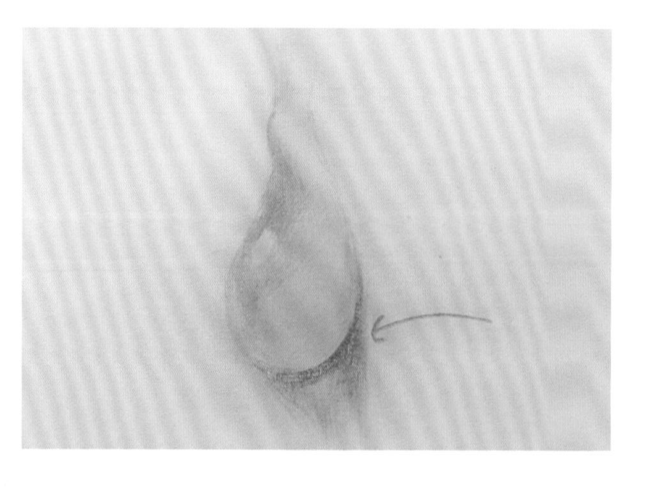

26.结合手机主打的防水特性，我们将背景模拟成平整的玻璃，画出玻璃上流淌的不同形状的水滴。

27.水滴的画法：首先画出水滴的形状。

28.确定光源的方向，强化水滴边缘线条。

29.画出水滴的高光处，并画出高光周围的阴影。

30.画出水滴的投影以及水滴透过光反射在玻璃面上的光。

31.细化高光处周围的阴影。

32.用橡皮擦柔化水滴上部分边缘线条，并用铅笔强化水滴底部边缘的线条。

33	34
35	

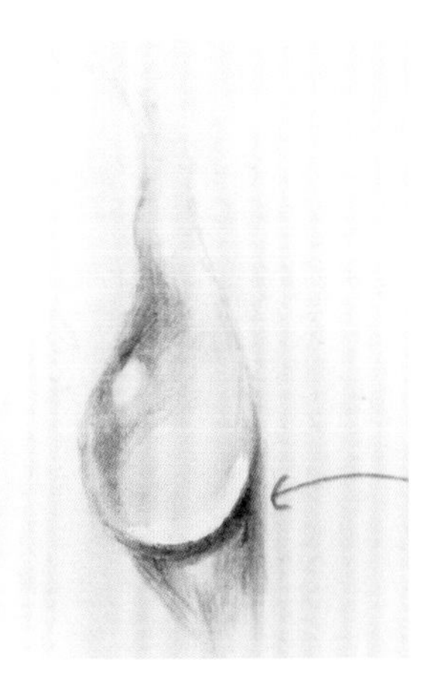

33.用修正液在水滴内部的底部区域突出水滴的透光度。

34.运用画水滴的方法将纸面上的水滴完成。至此，本教程完成。

35.效果图。

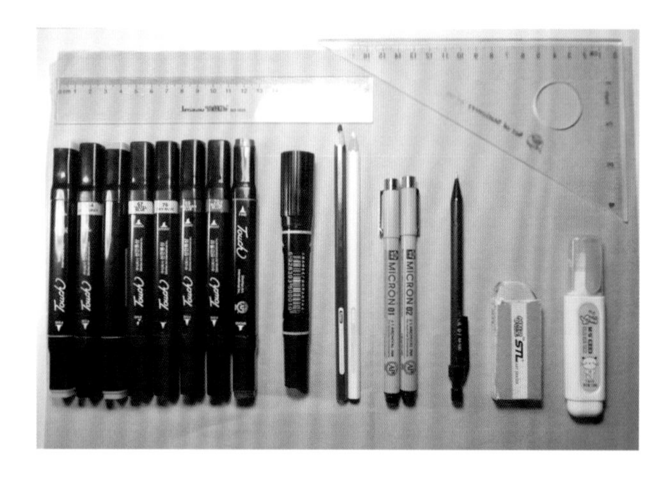

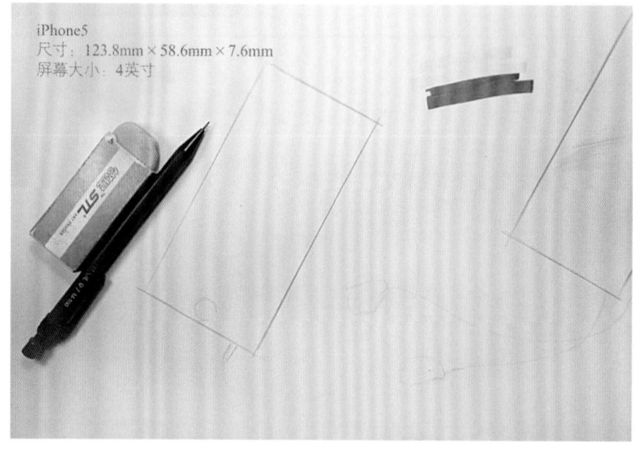

1	2
3	4
5	

3.5 音乐 Feat.iPhone5

1.工具准备：A4纸，油性记号笔，BG-03、CG-4、13、66、67、69、70、76号马克笔，451号和白色彩色铅笔，01、02号针管笔，0.7芯自动铅笔，橡皮擦，修正液，三角板，直尺。

2. 了解手机尺寸，根据构思画出草图。

3.根据尺寸画出手机外形和主要按键。

4.把状态栏、音乐播放器插件、解锁插件的大概位置用铅笔分出来。

5.用修正液配合01号针管笔画出状态栏。

6	7
8	9
	10

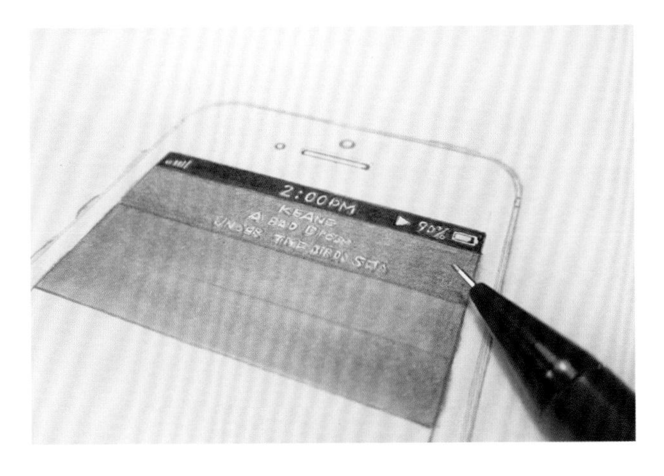

6.状态栏下为第一栏，用BG-03号马克笔上色，第二栏用CG-4号马克笔上色（表现插件的透明度）。

7.用铅笔浅涂第一栏，表现磨砂感，再用修正液画出专辑名、歌手、歌手信息。

8.用铅笔勾勒字母外形，因字母比较小，所以画出大概形状即可，再用铅笔描绘字母边缘使颜色与此栏一致。

9.用修正液配合铅笔画出控制按钮。

10.用修正液配合铅笔画出控制滑条，用铅笔稍微表现出控制点的质感。

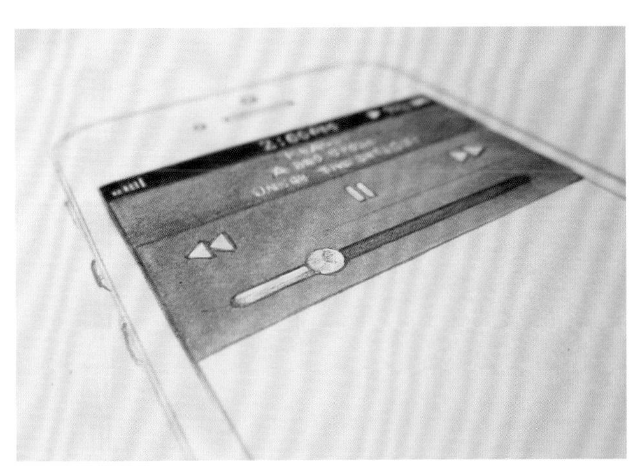

11	12
13	14
15	

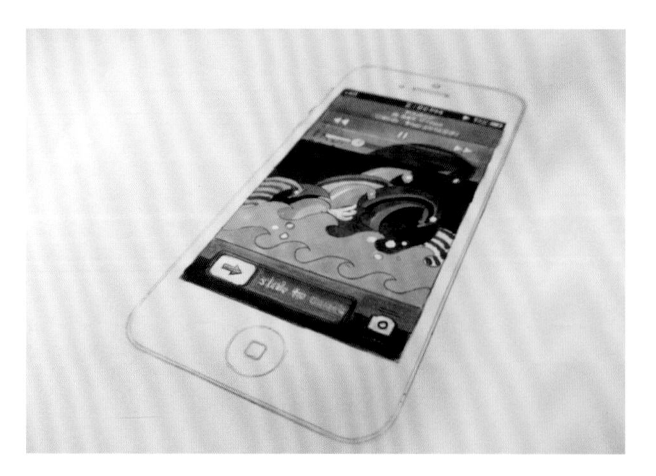

11.选取你喜欢的歌手专辑封面或者自己创作一个音乐专辑的封面，将专辑封面草图画进界面中（注意：音乐控制栏有一定透明度，因此能看到部分专辑封面）。

12.为控制栏下方的专辑封面上色，这里要用到BG-03、CG-4、66、67、69、70、76号马克笔和修正液。

13.用451号彩色铅笔画专辑封面在第二栏内的部分。

14.用CG-4号马克笔融合451号彩色铅笔的颜色。

15.用CG-4号马克笔、油性记号笔、修正液和铅笔完成解锁栏的上色。

16	17
18	19
	20

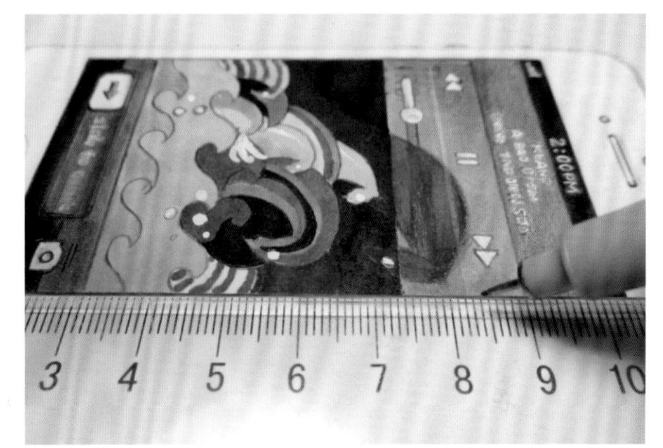

16. 至此，手机屏幕内容完成。

17.18.用修正液画手机正面白色面板（注意涂的时候应“均匀、快速”，因修正液易干，若不均匀、快速的话就会使表面不平整），接着画好Home键。

19.屏幕4条边用02号针管笔描边。

20.用02号针管笔为听筒、感应器、前摄像头上色。

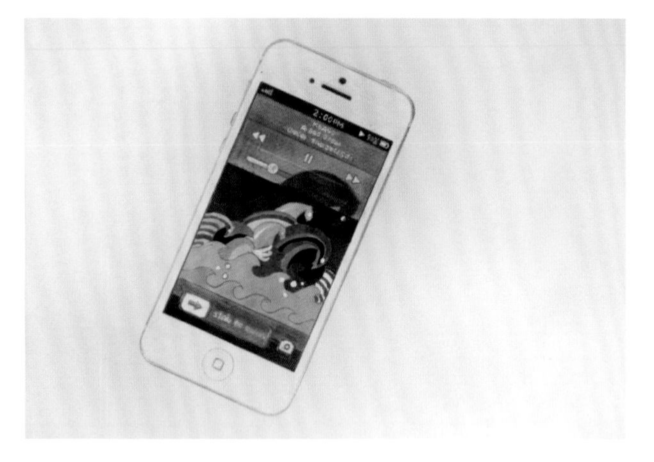

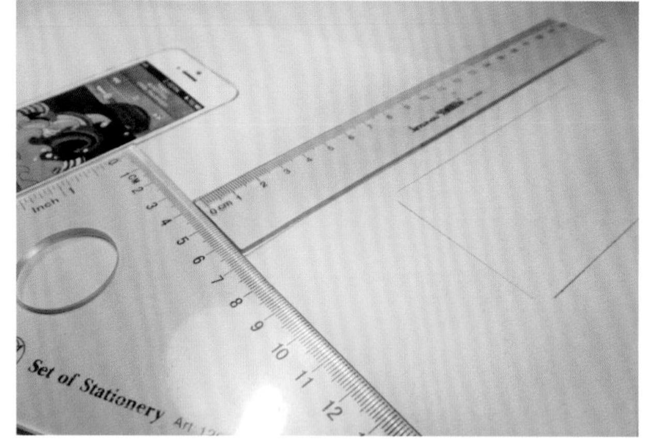

21	22
23	24
25	

21.手机边框用铅笔描边。至此，手机本体完成。

22.利用三角板和直尺平行画出手机背面形状。

23.用铅笔定出Logo和文字的大概位置。

24.用铅笔进行纵向排线（铝金属部分）。

25.用纸巾轻轻擦拭铅笔痕迹使之均匀，有种金属灰的质感。用橡皮擦轻轻将过重的铅笔颜色擦淡（注意金属反光面的渐变）。

26	27
28	29
	30

26.用02号针管笔为Logo上色，用铅笔写上表示和符号。

27.28.上下玻璃面板用修正液涂上。

29.至此，手机正反面完成。

30.根据构思画出耳机的大概形状和位置。

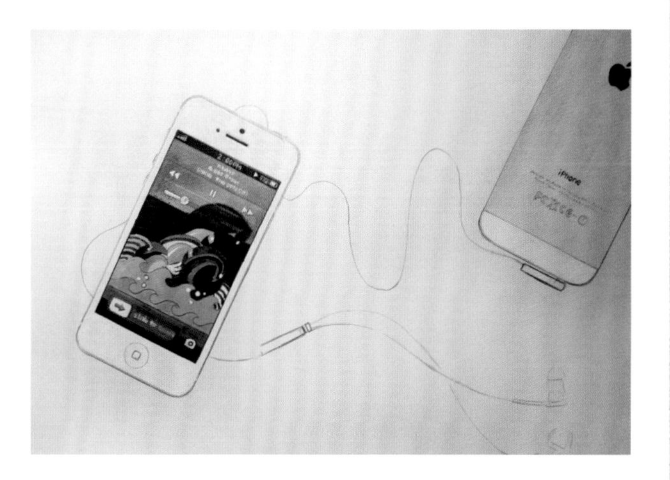

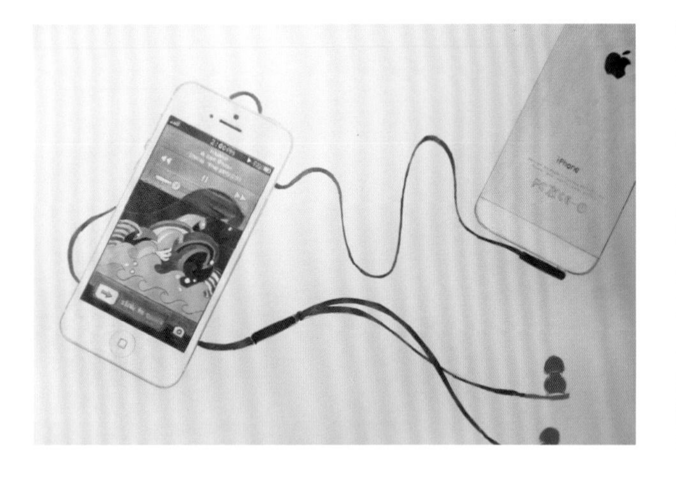

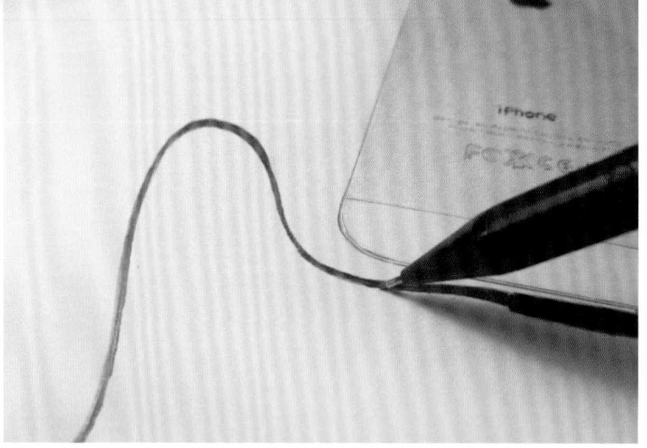

31	32
33	34
35	

31.用13号马克笔为耳机线红色部分上色，黑色部分用油性记号笔上色。

32. 用铅笔轻轻描绘耳机线边缘，确定线与线交叉部分的明暗关系。

33.用白色彩色铅笔画出耳机的反光面。

34.35.为手机正反面和耳机线画上投影。至此，本例绘制完成。

36

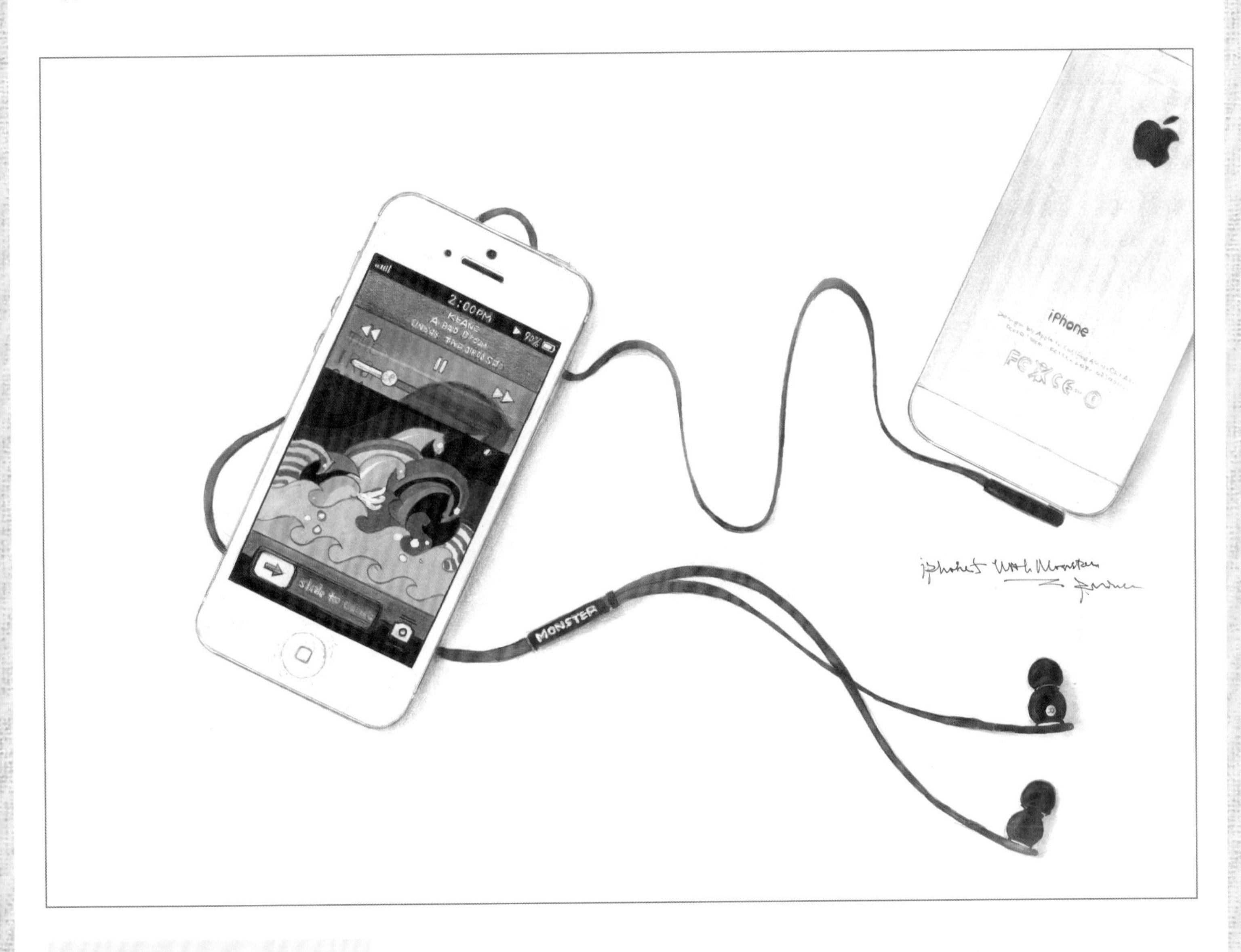

36.效果图。

1	2
3	4
5	

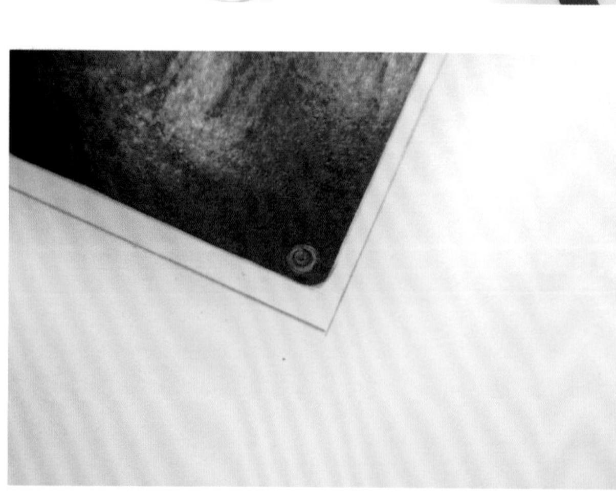

3.6 一枚粉蓝N9

1.工具准备：A4纸，油性记号笔，CG-1、66、BG-05号马克笔，445、447号和白色彩色铅笔，01号针管笔，圆珠笔，0.7芯自动铅笔，橡皮擦，修正液，三角板。

2. 了解手机尺寸，根据构思画出草图。

3. 根据尺寸画出手机外形。

4.用油性记号笔为屏幕上色。

5.用BG-05号马克笔配合01号针管笔画出前摄像头结构及上色。

6	7
8	9
	10

6.机身先用447号彩色铅笔上色。

7.再用66号马克笔覆盖，使两者颜色融合，表现聚碳酸酯材质的细腻感。

8.屏幕边缘用圆珠笔描边，表现玻璃边缘的光泽。

9.用铅笔写出Logo字母。

10.用修正液覆盖铅笔笔迹。

11	12
13	14
15	

11. 用01号针管笔勾勒字母边缘。

12.用445号彩色铅笔为机身暗部上色（注意表现一种渐变和立体感）。再用铅笔为机身四边描边，注意迎光面铅笔笔迹颜色浅，暗部的边颜色深。

13.用01号针管笔描听筒位置并修正屏幕边缘线。至此手机正面完成，根据尺寸画出背面机身。

14.与机身正面颜色上色方法一样，先用447号彩色铅笔涂抹一遍。

15.用66号马克笔覆盖447号彩色铅笔颜色，使两种颜色混合。注意用马克笔时注意如图右侧所示的笔触，手机背部是弧形设计的，因此可以顺着弧度的笔触去画。

16	17
18	19
	20

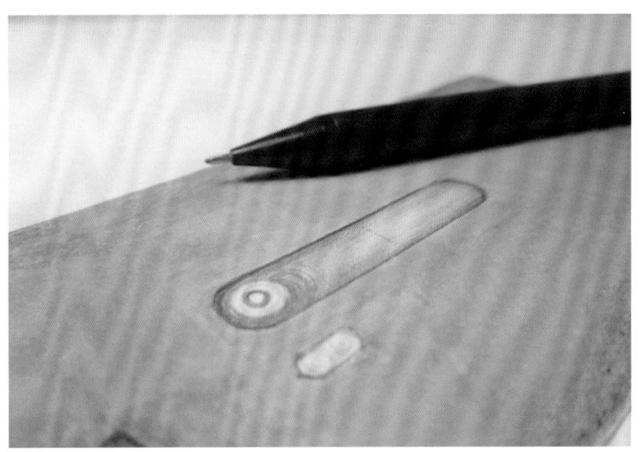

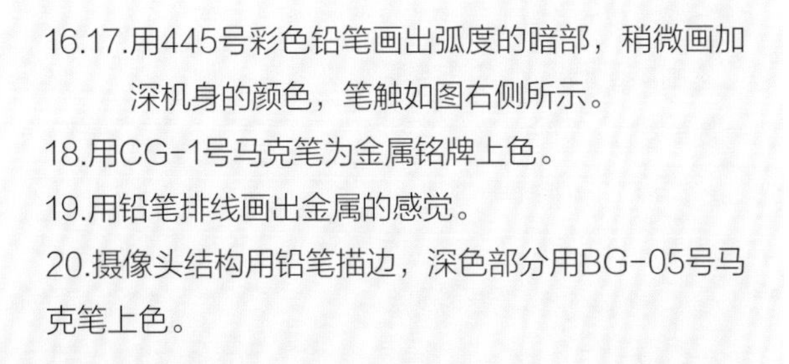

16.17.用445号彩色铅笔画出弧度的暗部，稍微画加深机身的颜色，笔触如图右侧所示。

18.用CG-1号马克笔为金属铭牌上色。

19.用铅笔排线画出金属的感觉。

20.摄像头结构用铅笔描边，深色部分用BG-05号马克笔上色。

21	22
23	24
25	

21.用铅笔画出铭牌上的字母。

22.用修正液覆盖铅笔字迹。

23.用铅笔把字母外形勾勒出来，对于一些较小的字母，勾出其大概形状即可。然后加深字母周围的颜色深度，使之与铭牌整体色调融合。最后再把闪光灯位置描边。

24.25.用修正液和白色彩色铅笔涂在屏幕四角和边缘处，以表现高光效果。

26	27
28	29
	30

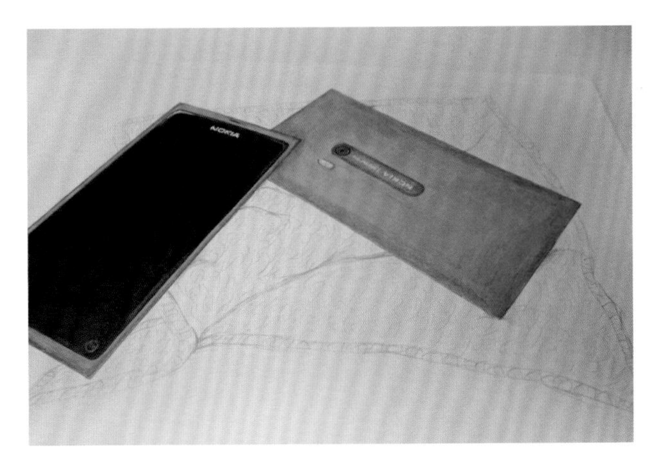

26.至此，机身主体完成。

27.为了使背景不单调，我选择了一条有褶皱的方巾作为画的背景，首先将大概形状和部分褶皱纹理画出。

28.用铅笔画出方巾表面的纹理。

29.因为手机有一定重量，因此与方巾接触的位置会压下去，这个地方的阴影应该是最重的。

30.机身与方巾接触的位置阴影最深，向外阴影越来越浅，用铅笔排线表达出来。

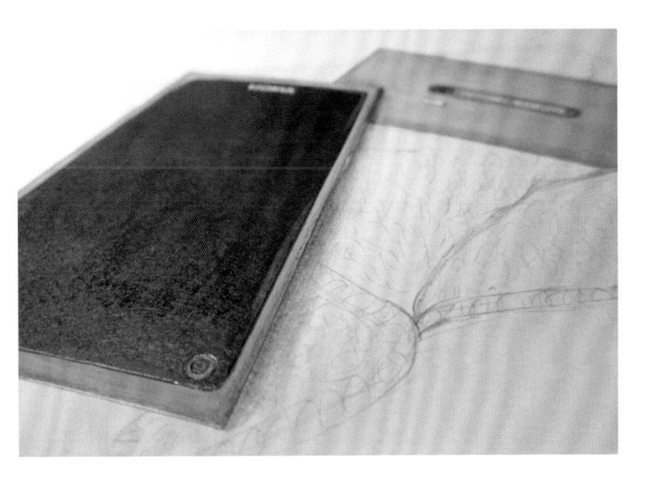

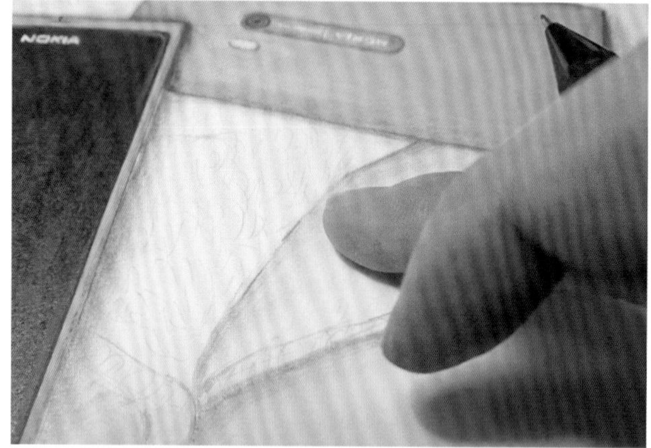

31	32
33	34
35	

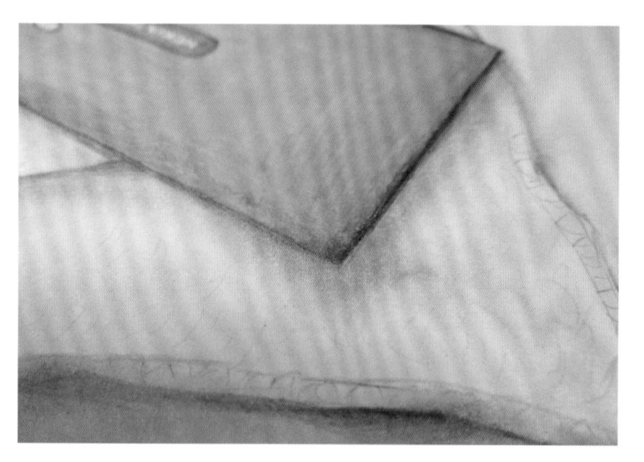

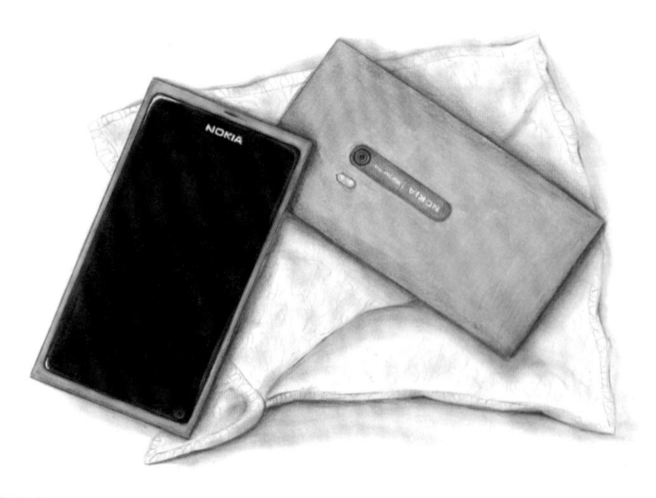

31.用手指或纸巾涂抹铅笔笔迹，使阴影显得自然。
33.完成图中所有阴影及投影处的刻画（方巾的褶皱、机身与方巾的接触部分）。
34.加重阴影的效果可以增加物体的立体感，继续刻画细节。至此，本例绘制完成。
35. 效果图。

01	02
03	04
	05

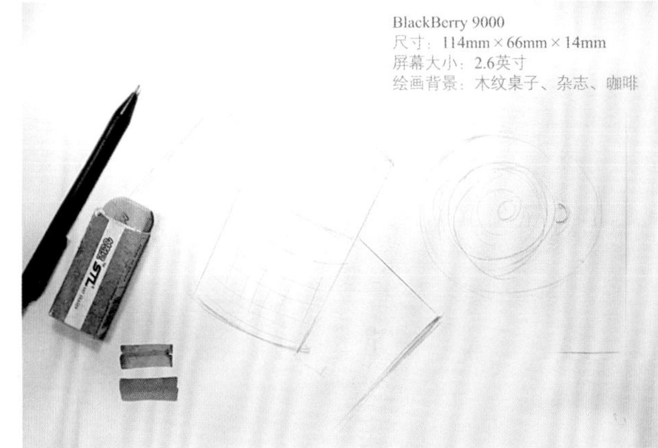

3.7 午后——BlackBerry 9000

1.工具准备：A4纸，油性记号笔，WG9、CG-4、CG1、13、23、43、48、51、94、96号马克笔，401、492号彩色铅笔，01,02针管笔，圆珠笔，红色水性笔，0.7芯自动铅笔，橡皮擦，修正液，三角板，圆规。

2. 了解手机尺寸，根据构思画出草图。

3. 根据尺寸画出手机外形。

4.5.用油性记号笔为黑色部分上色，注意导航键区的按键间隙留白。

6	7
8	9
10	

6.用铅笔在屏幕内进行同一方向的排线。

7.用纸巾将铅笔的笔迹涂抹均匀。

8.继续用铅笔画反方向排线，加深屏幕颜色的深度至深灰色即可。

9.用CG-1号马克笔为听筒上底色，用铅笔画出听筒点状的效果并画出传感器的结构。

10.用修正液画出Logo字母。

11	12
13	14

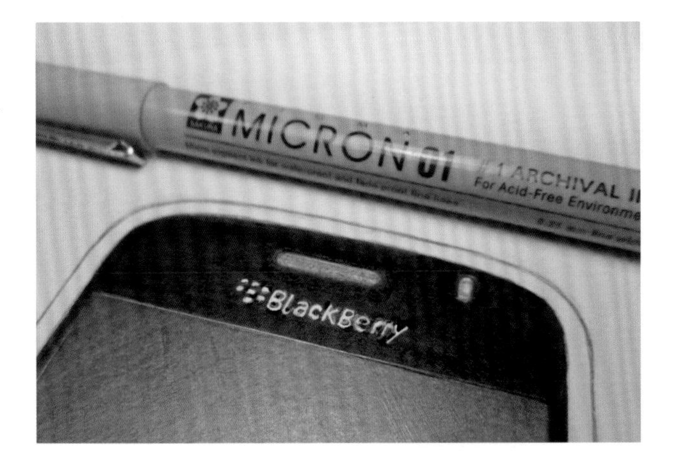

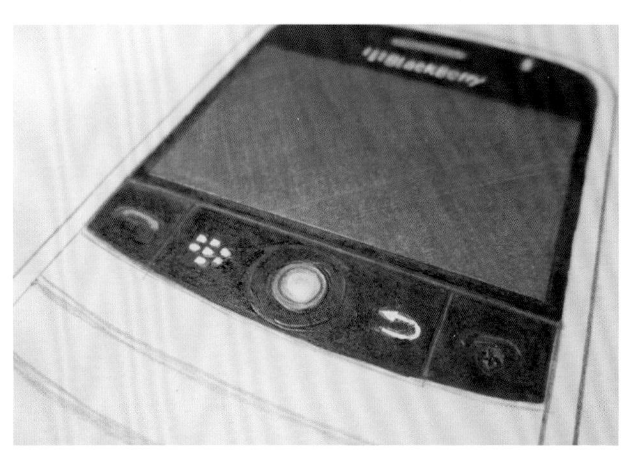

11.用01号针管笔勾勒字母边缘。

12.用BG-05号马克笔为导航键区的按键间隙。

13.用47号马克笔涂接听的绿色键，用13号马克笔涂红色的挂机键。

14.用修正液配合01针管笔画出电源符号和其他按键，电源符号用红色的水性笔上色，用圆珠笔稍微强调导航键圆形的边缘。

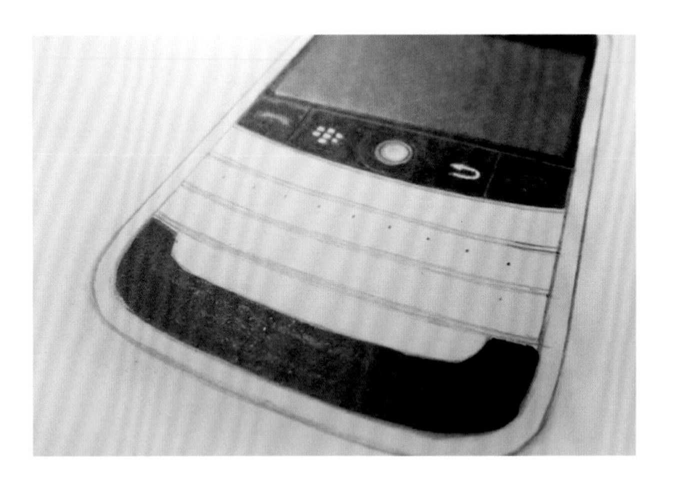

15	16
17	18
19	

15.16.以0.6mm为单位将键盘区等分为10份，并画出按键之间间隔。

17. 用WG9号马克笔大致画出键盘的颜色，注意键与键之间留白。

18.用圆珠笔画出键盘面上的形状分割。

19.用修正液画出字母的大致形状。

20	21
22	23
	24

20.用铅笔勾勒字母的边缘。

21.用油性记号笔增强按键的颜色对比。

22.用圆珠笔再次强调按键的结构。

23.24.用白色彩色铅笔画出按键和导航键区的光泽感。

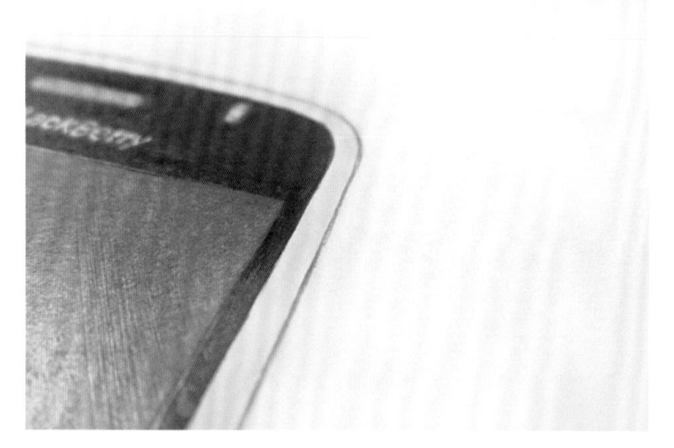

25	26
27	28
29	

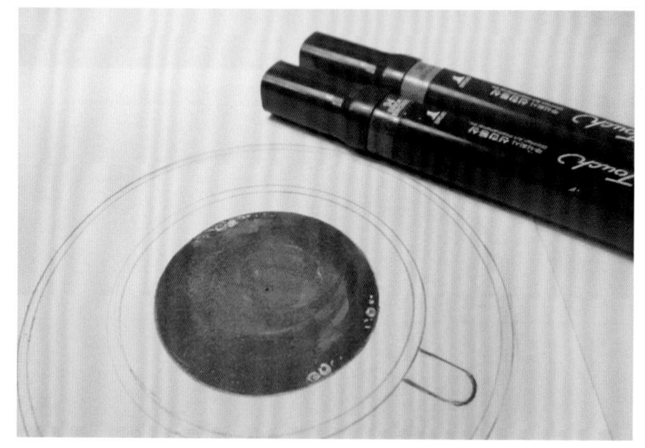

25.用CG-1号马克笔涂金属边框。

26.用铅笔画出金属的质感，至此，手机本体完成。

27.根据手机的大小，用圆规画出不同直径的同心圆，从里到外分别是咖啡液体、咖啡杯、碟子。

28.用YR 96号马克笔用画圈的笔触画出咖啡液体，用R 94号马克笔画出咖啡液体的暗部，再用修正液点缀水泡。

29.用铅笔分别画出杯子内阴影、杯子的投影、碟子内阴影及碟子的投影。

30	31
32	33
	34

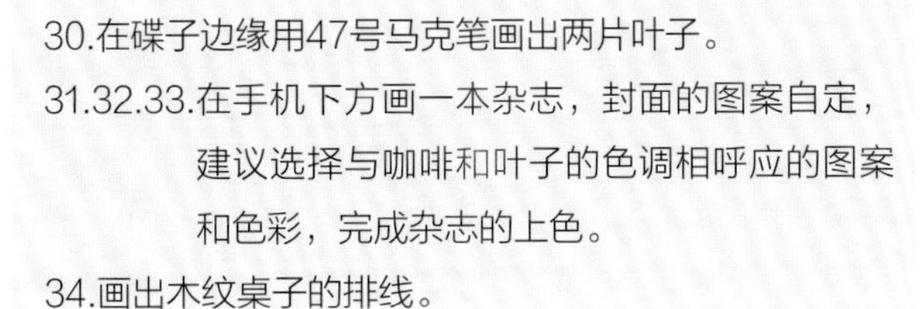

30.在碟子边缘用47号马克笔画出两片叶子。

31.32.33.在手机下方画一本杂志，封面的图案自定，建议选择与咖啡和叶子的色调相呼应的图案和色彩，完成杂志的上色。

34.画出木纹桌子的排线。

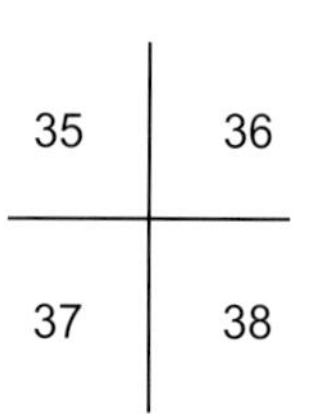

35.用492号彩色铅笔画出木纹的颜色。

36.用YR 23号马克笔覆盖彩色铅笔颜色。

37.用492号彩色铅笔画出深色木纹。

38.在桌面上画几颗咖啡豆，然后为手机、杂志、碟子、叶子和咖啡豆画上投影，至此本案例完成。

39

39.效果图。

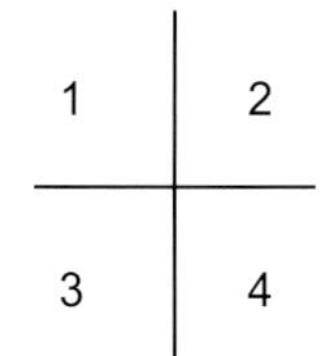

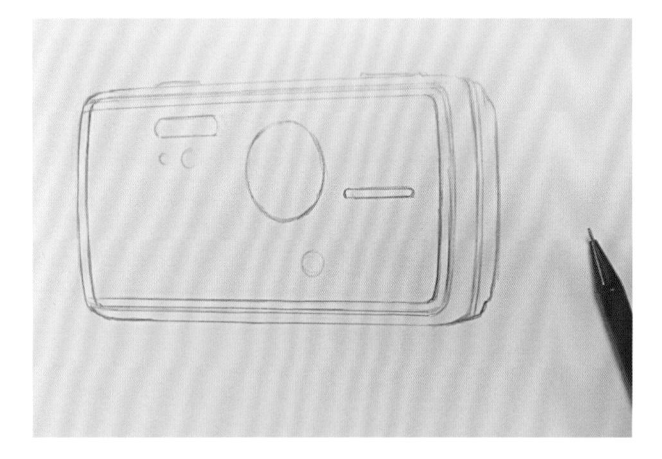

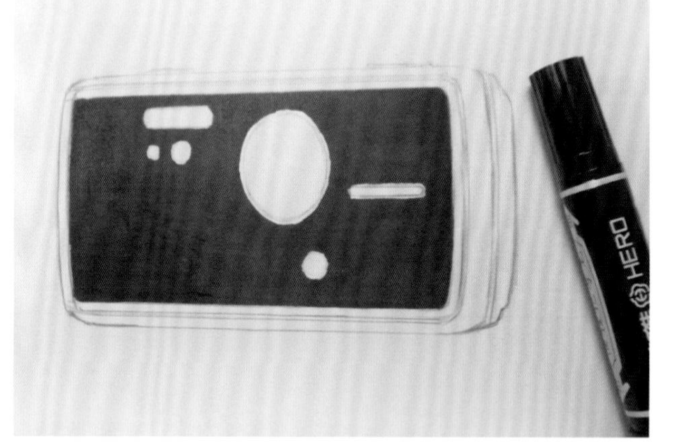

3.8 Song Ericsson

1.工具准备：A4纸，油性记号笔，WG9、CG-4、BG-05、59号马克笔，470号和白色彩色铅笔，02号针管笔，圆珠笔，中性笔，0.7芯自动铅笔，橡皮擦，修正液。

2.根据透视原理画出草图。

3.完成手机外形线稿。

4.用油性记号笔为前面板黑色部分上色。

5	6
7	8
	9

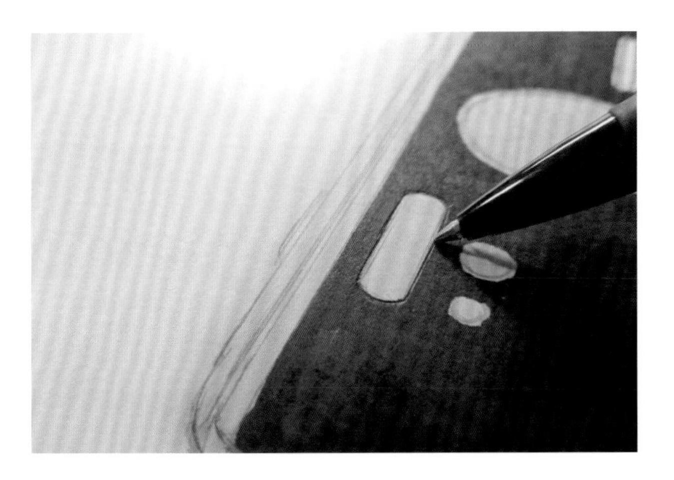

5.6.7.用圆珠笔为氙气灯边缘描边突出结构，再用铅笔画出氙气灯内的结构接着画出补光灯的内部结构。

8.画出镜头内的结构。

9.用中性笔，BG-05、CG-4号马克笔，02号针管笔和圆珠笔仔细刻画摄像头内的结构。

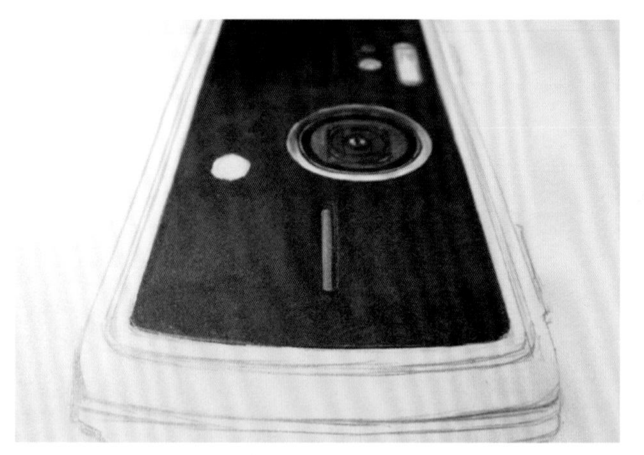

10	11
12	13
14	

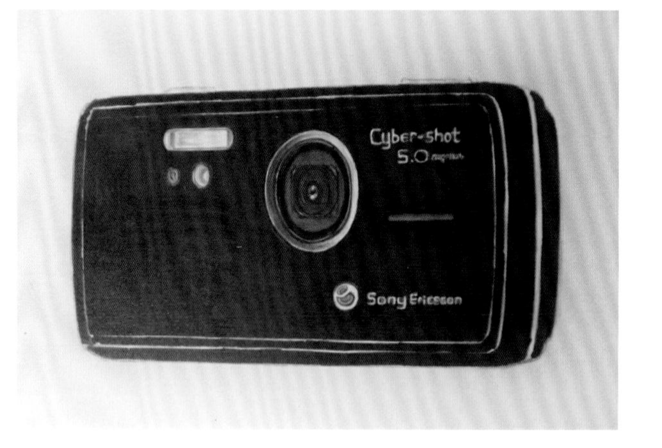

10.用CG-4号马克笔为扬声器上底色，再用圆珠笔描边。

11.用铅笔画出Logo的结构，并用G59号马克笔上色。

12.用修正液配合02号针管笔完成Logo字母。

13.用油性记号笔为机身和边框上色，如图所示，注意边框等结构处的留白。

14.用WG9号马克笔涂留白处。

15	16
17	18
19	20

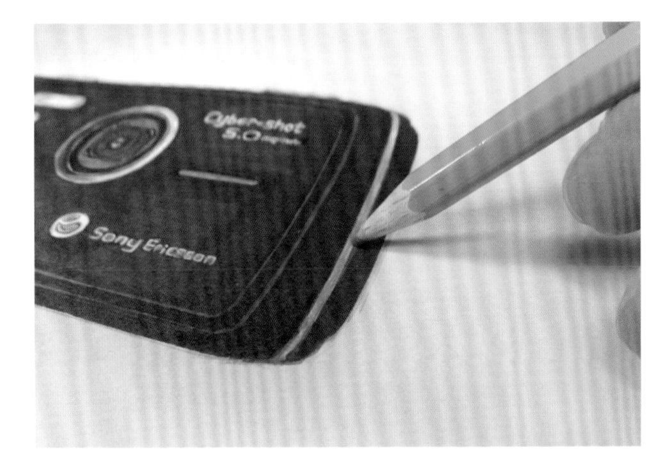

15.用470号彩色铅笔为绿色装饰条上色。

16.用G59号马克笔覆盖彩色铅笔的颜色。

17.白色彩色铅笔画出机身反光的边缘。

18.再用白色彩色铅笔画出玻璃反光的质感。

19.画出机身底部的投影。至此本例绘制完成。

20.效果图。

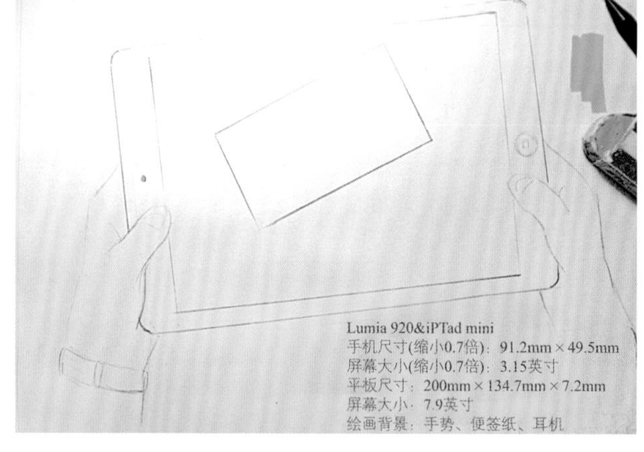

1	2
3	4
5	

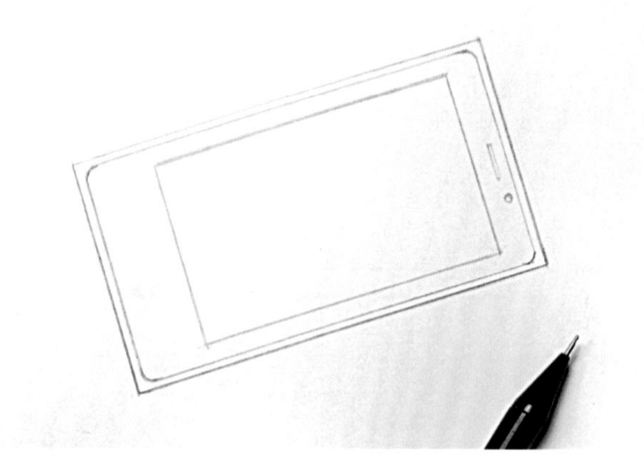

3.9 Lumia 920&iPad mini

1.工具准备：A4纸，油性记号笔，35、37、94号马克笔，418、430、432号彩色铅笔，01号针管笔，0.7芯自动铅笔，橡皮擦，修正液，三角板。

2. 了解手机尺寸，根据构思画出草图。

3. 根据尺寸先画出手机的外形（为了表现手机与平板的距离，将手机的尺寸缩小0.7倍）。

4.画出屏幕内容的线稿。

5.用35号马克笔为屏幕Livetile上色。

6	7
8	9
	10

6.用修正液和各色马克笔完成屏幕内容的绘制。
7.用油性记号笔为正面板上色。
8.修正液配合01号针管笔完成三个虚拟键以及Logo的绘制。
9.用37号马克笔为机身上色，并用01号针管笔画出右侧面的三个按键。
10.至此Lumia 920机身绘制完成。

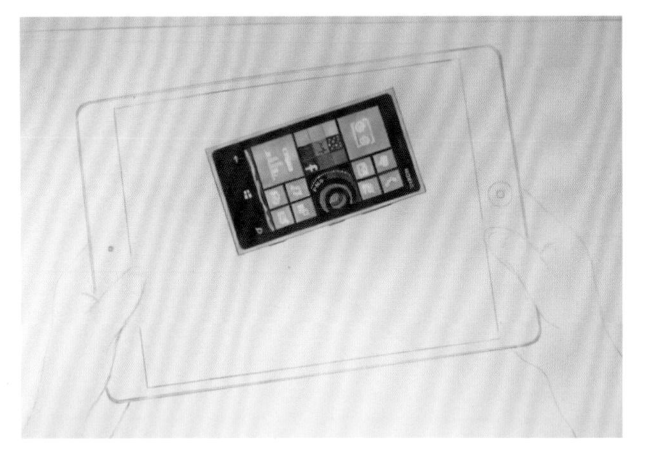

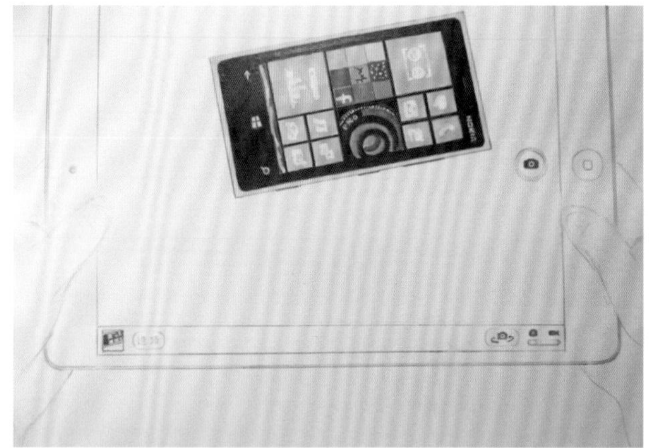

11	12
13	14
15	

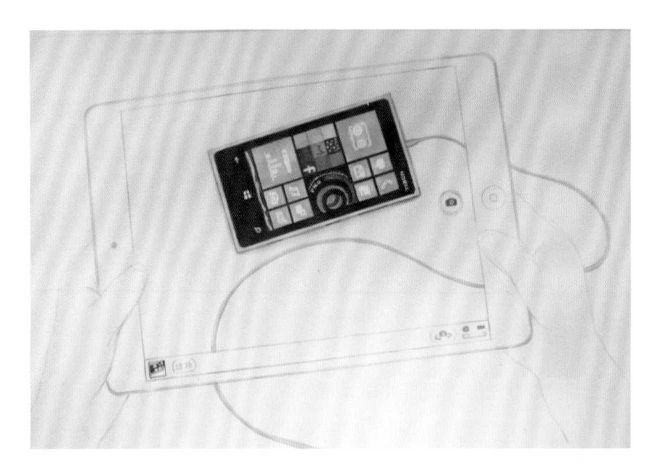

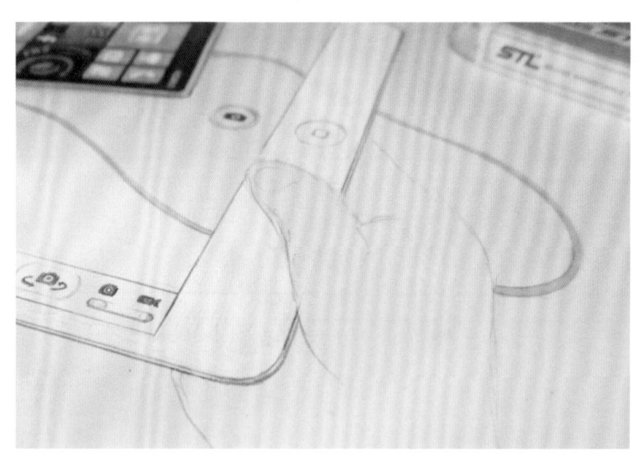

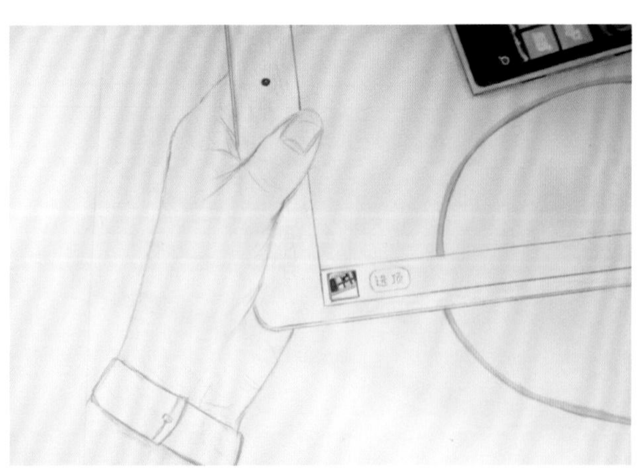

11.在Lumia 920上方画出iPad mini和双手持iPad的动作。

12.画出iPad mini的拍照界面。

13.为Lumia 920加上一条耳机，用37号马克笔上色，再用铅笔描边并画出机身的投影。

14.用修正液为iPad mini的白色面板上色。

15.细化手的纹理。

16	17
18	19
	20

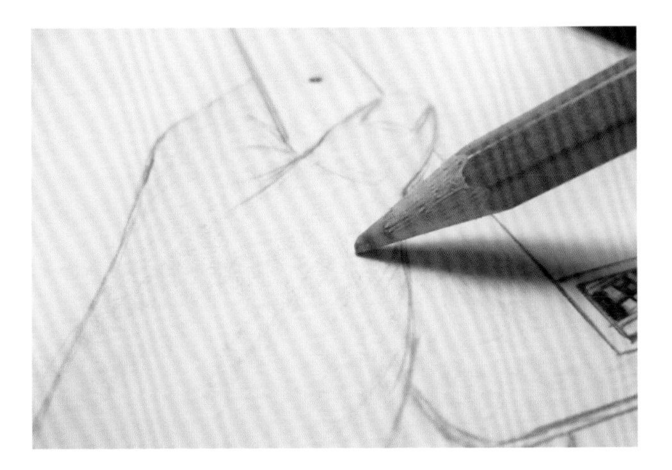

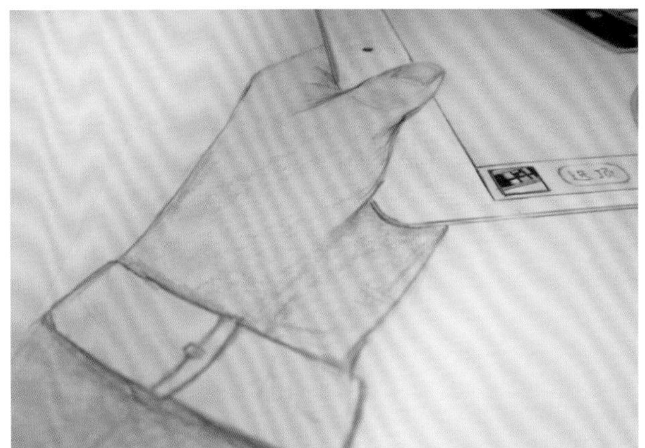

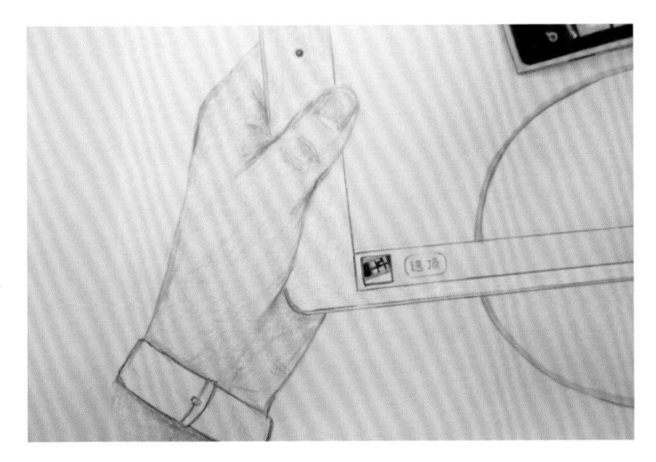

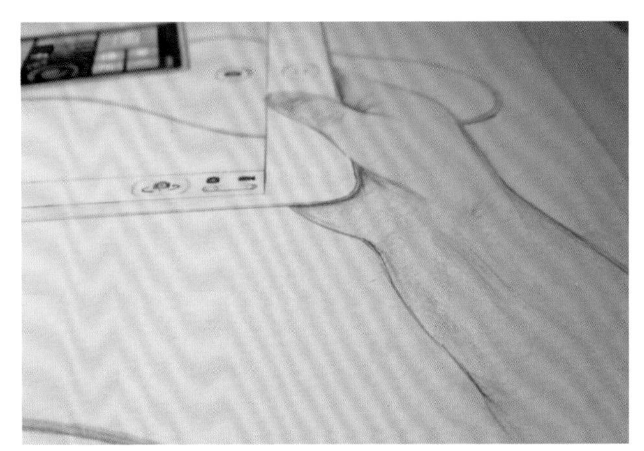

16.17.先用430号彩色铅笔浅涂一遍，用432号彩色铅笔画手部阴影和纹理。

18.19.用418号彩色铅笔浅涂指甲颜色，同理完成右手的上色。

20.用94号马克笔为表带上色，并用01号针管笔刻画表带上的细节。

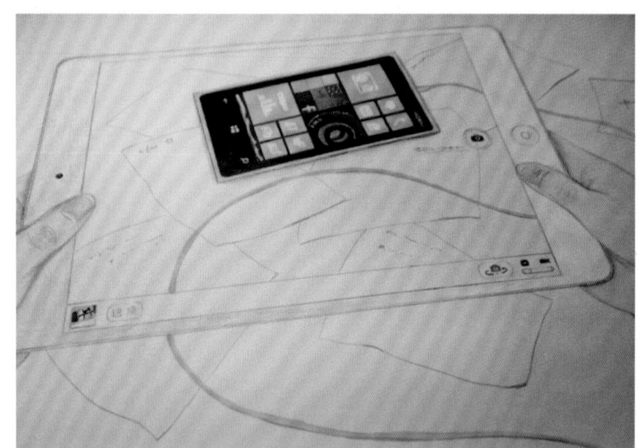

21.在背景上画一些散乱的便签纸，在上面不规则地加上一些文字。用修正液为Lumia 920的屏幕边缘加上高光效果。至此，本例绘制完成。

22.效果图。

21

22

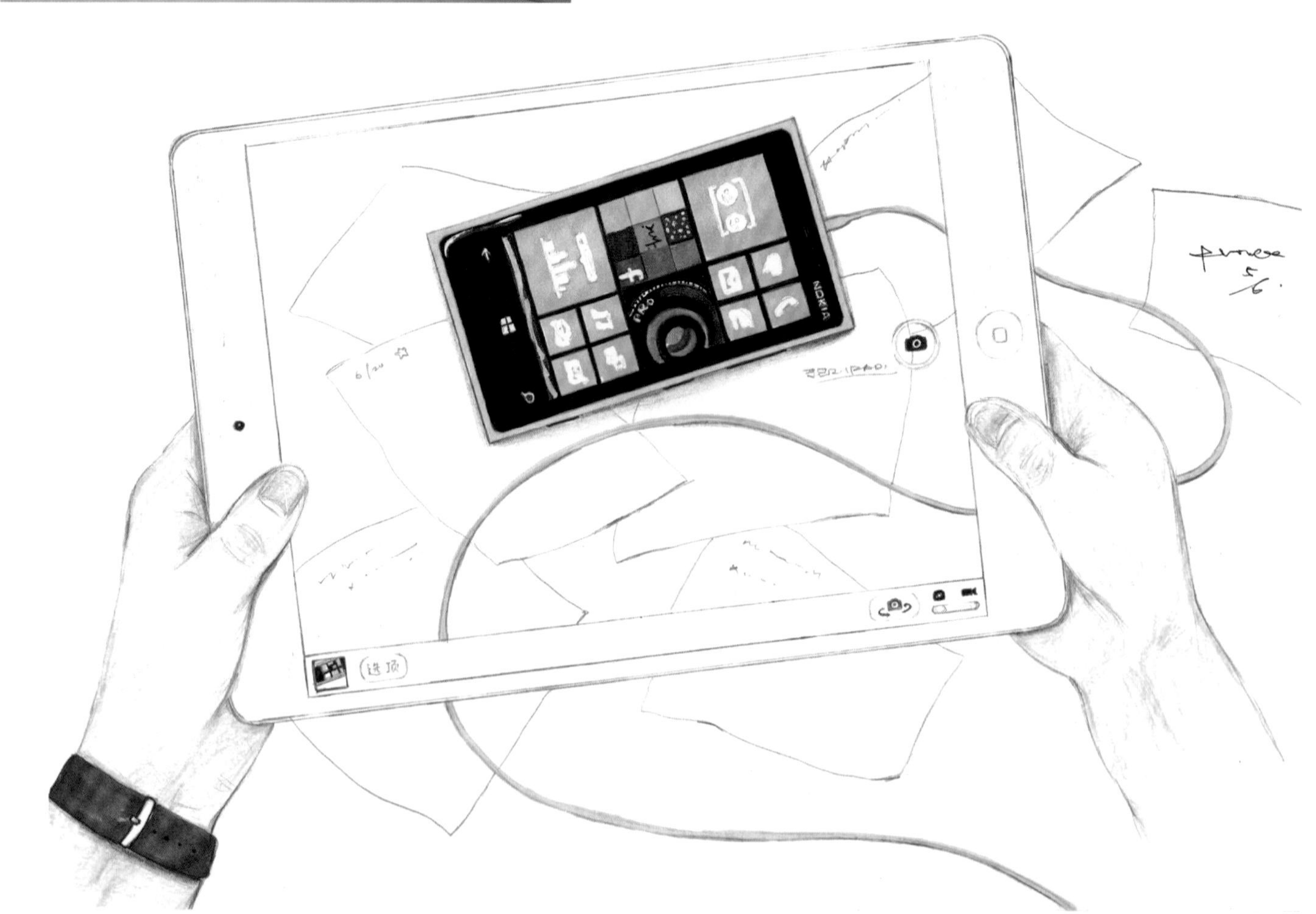

1	2
3	4
	5

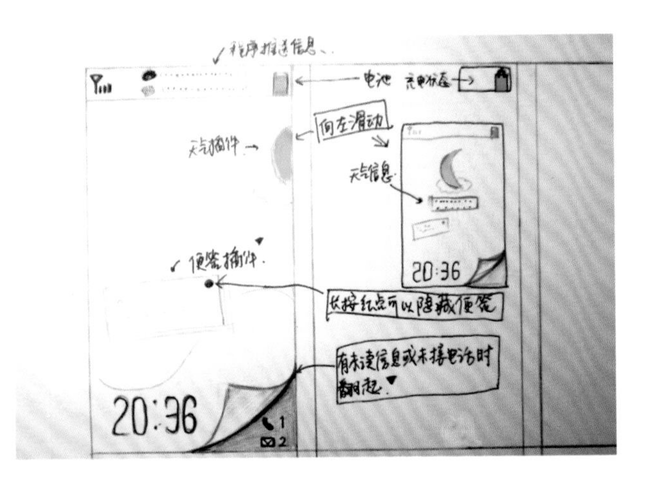

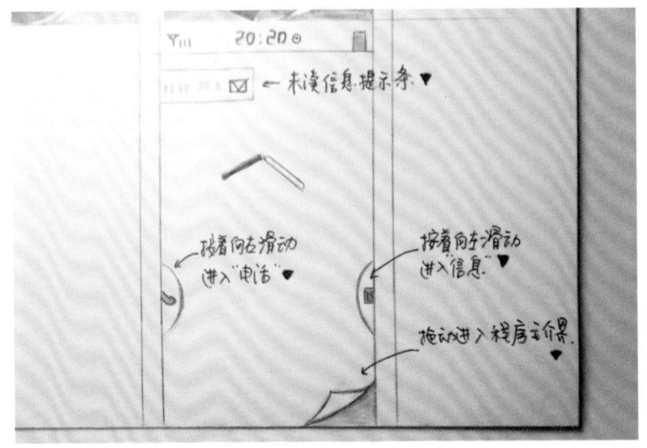

3.10 设计属于自己的手机

1.【UI设计】锁屏界面。

2.锁屏音乐播放界面。

3.解锁方式。

4.主界面设计。

5.百叶式文件夹。

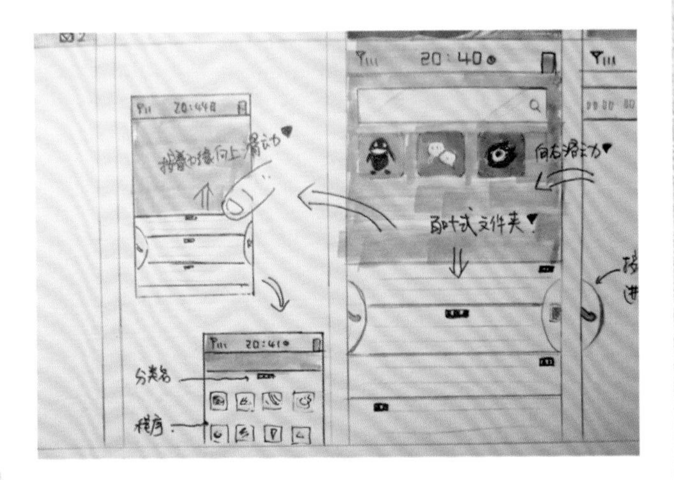

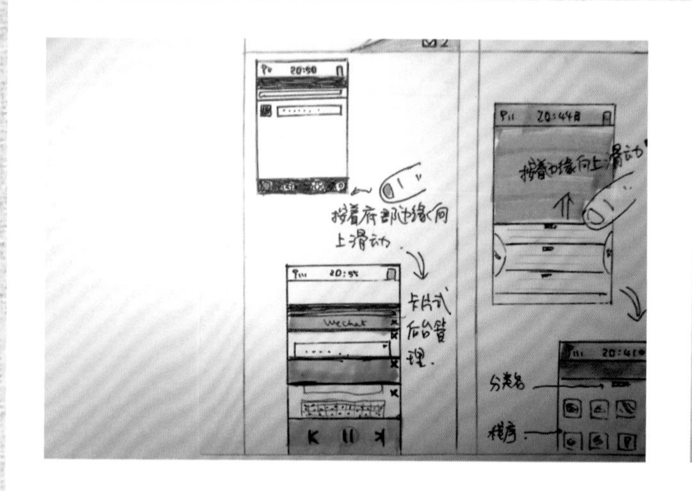

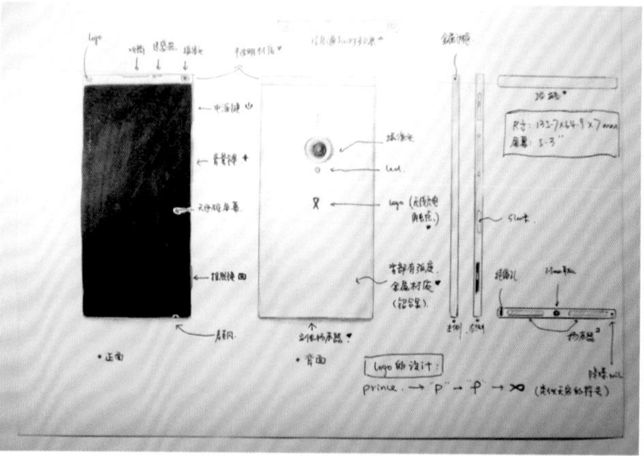

6	7
8	9
10	11

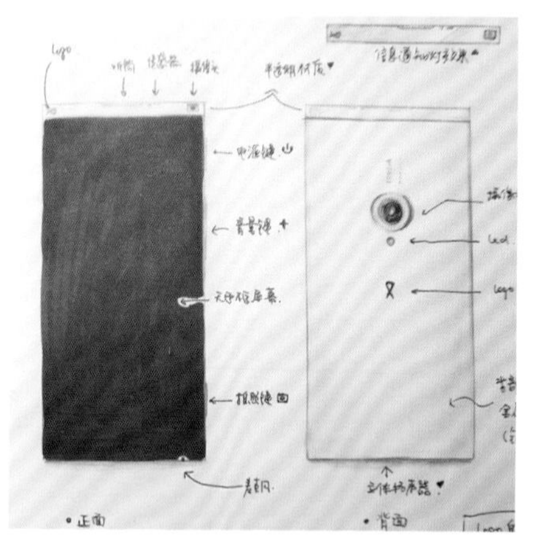

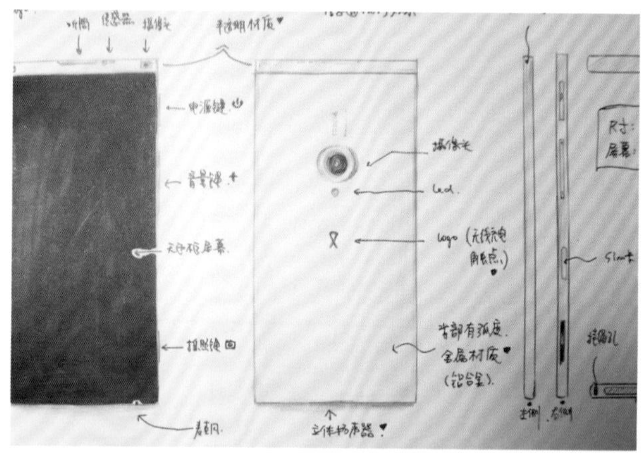

6.后台操作。

7.【手机设计】

设计属于自己的手机。

8.手机正面设计。

9.手机背面设计。

10.背部设计细节1。

11.背部设计细节2。

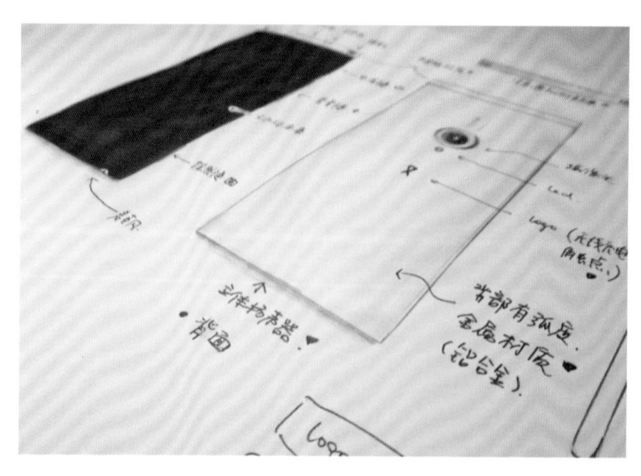

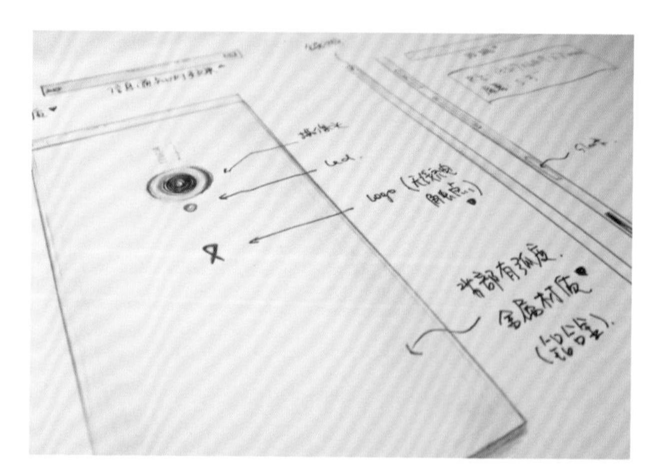

12	13
14	15
16	17

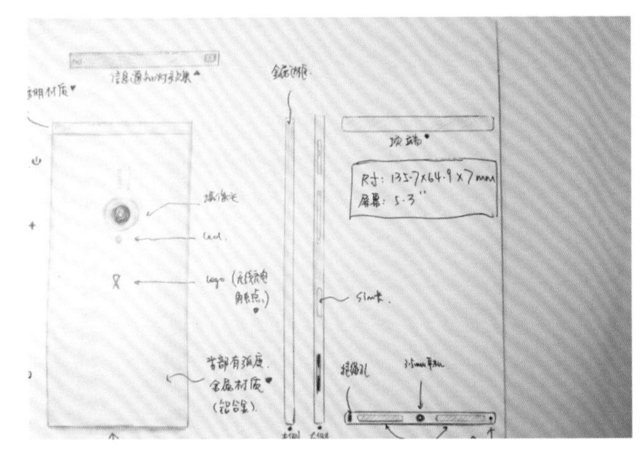

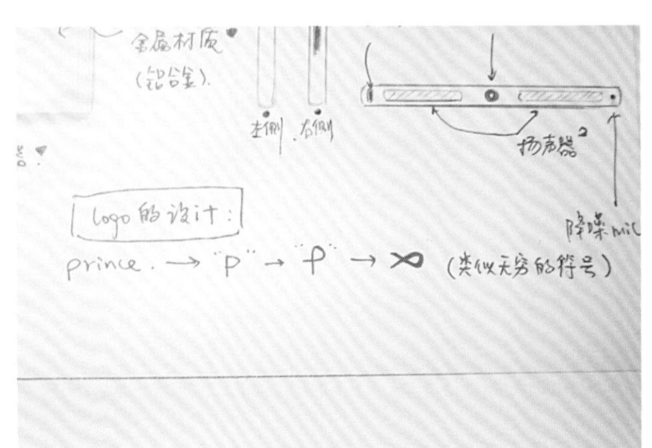

12.侧面设计及尺寸。

13.侧面细节。

14. Logo设计的由来。

15.细节。

16.【UI与手机结合】

根据尺寸画出手机外形线稿。

17.边框细节。

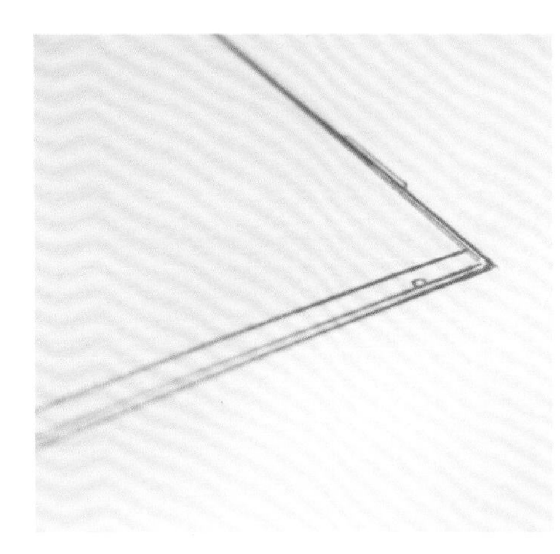

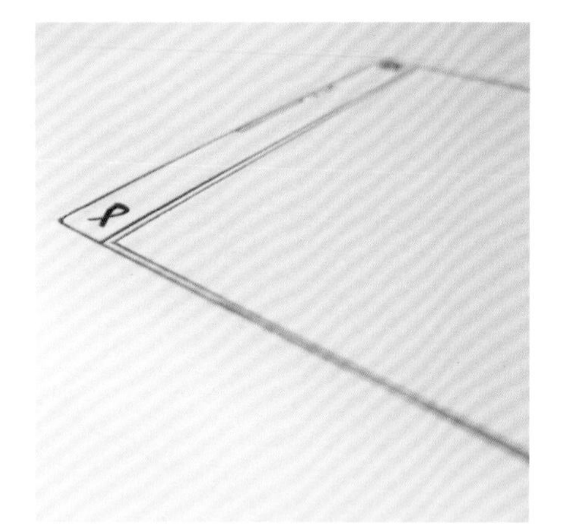

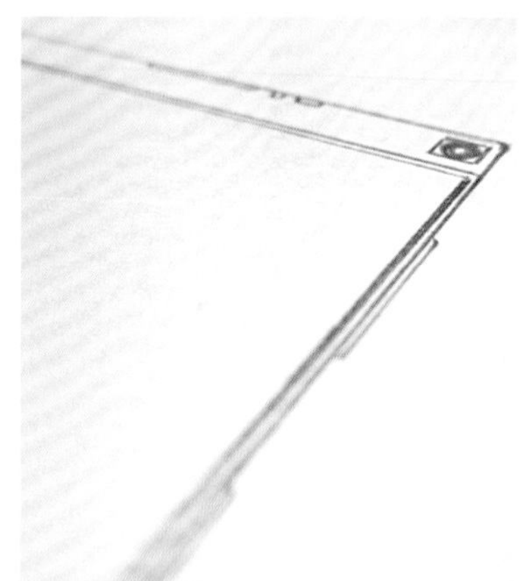

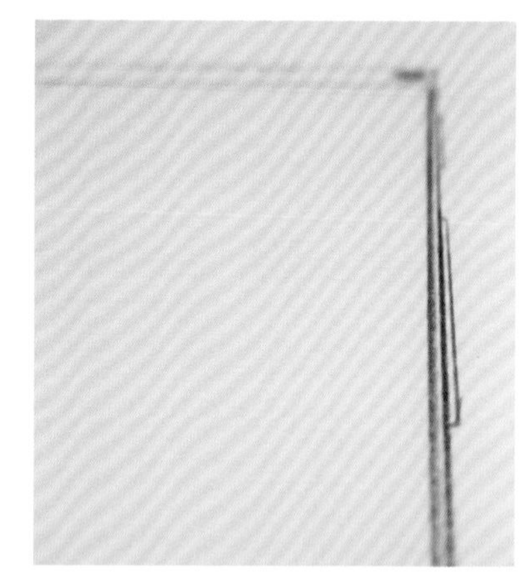

18	19	20
21	22	23
24	25	

18.细节1。
19.细节2。
20.按键细节。
21.22.23.24.25.用马克笔完成屏幕内的壁纸颜色以及根据UI设计的插件。

26	27
28	29
30	31

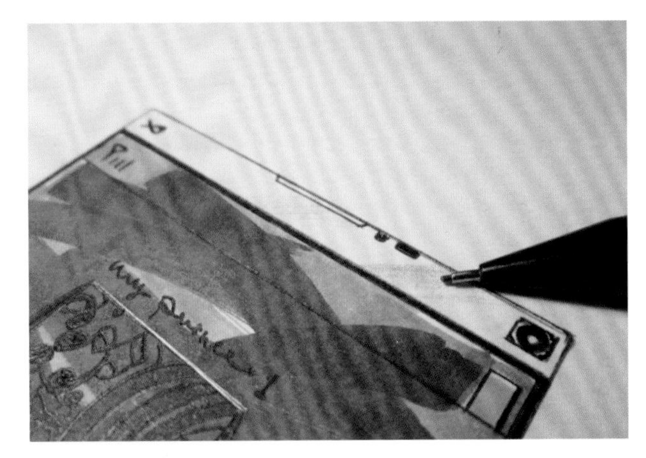

26.27.用油性记号笔为边框和正面板上色。

28.丰富UI上的细节。

29.30.用铅笔在顶部画细小排线，表现透明的感觉。

31.至此，机身正面完成。

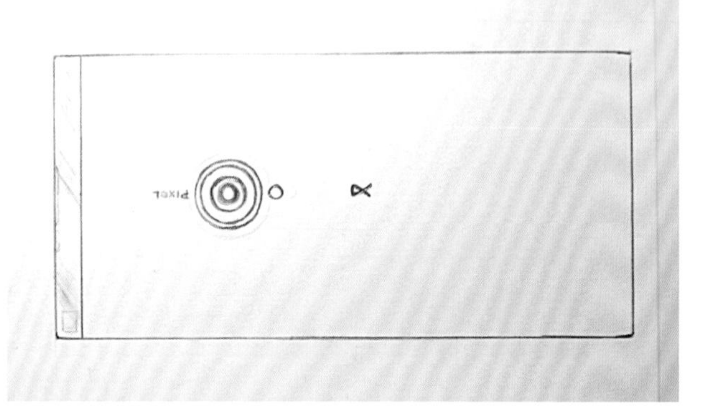

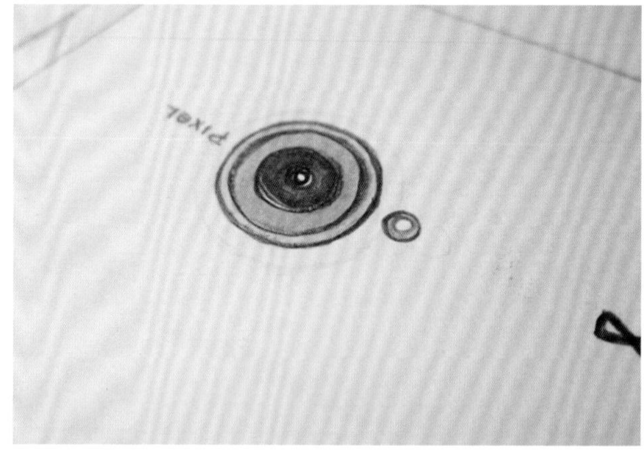

32	33
34	35
36	

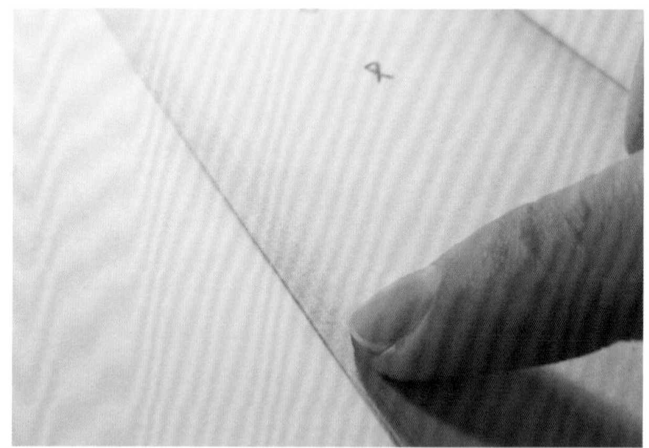

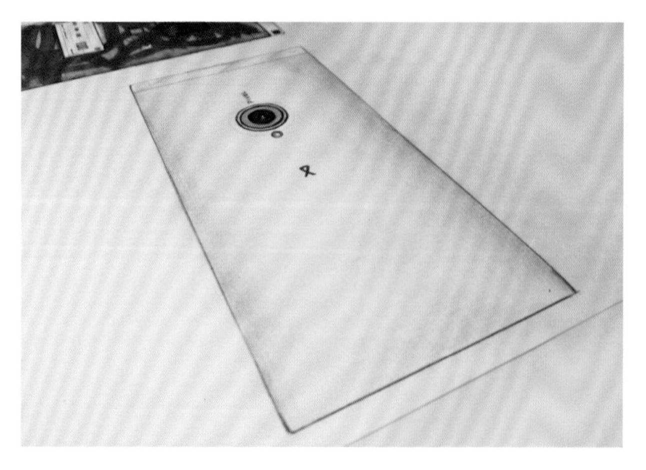

32.根据尺寸画出手机背面线稿。

33.用BG-05和WG9号马克笔为摄像头上色，并用铅笔描边。

34.机身背部有一定弧度，用铅笔自外边向内排线。

35.36.用手指或纸巾涂抹均匀铅笔痕迹，表现金属的质感。

37	38
39	

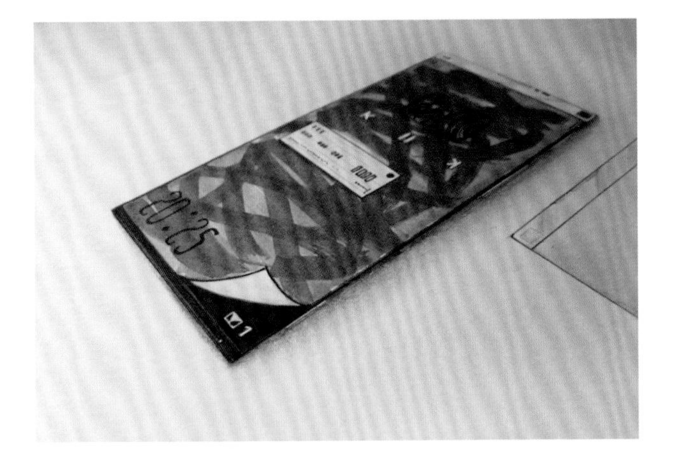

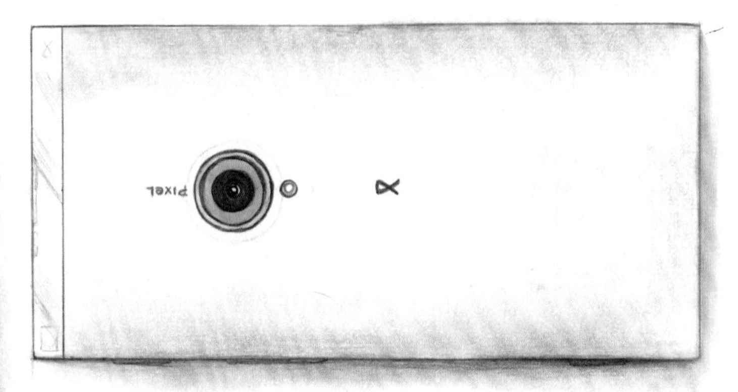

37.38.为手机的正面和背面画上投影。至此，本例绘制完成。
39.效果图。

3.11 作品展示

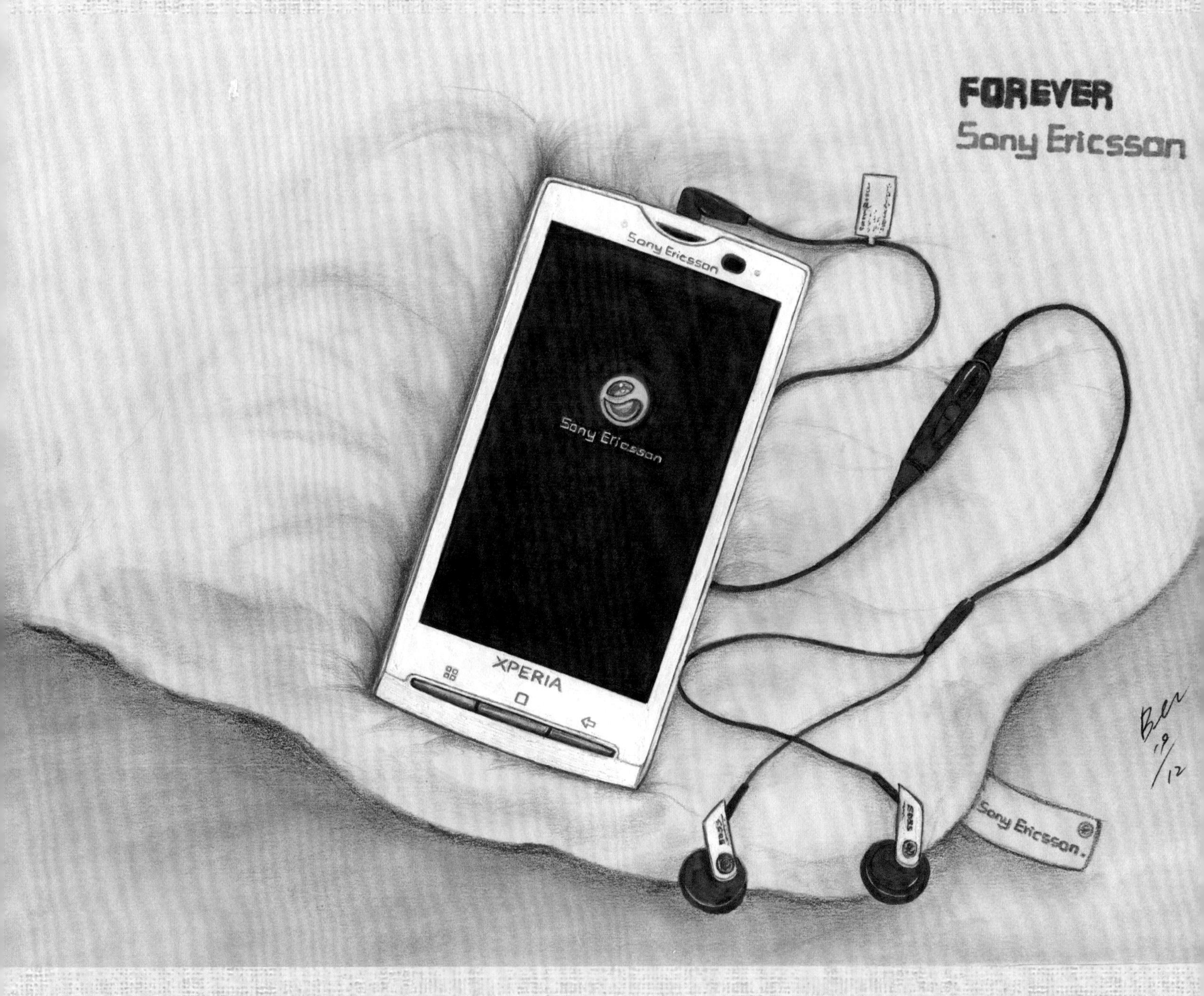
FOREVER
Sony Ericsson
Sony Ericsson
Sony Ericsson
XPERIA
Sony Ericsson.

BEn-Prince
BlackBerry
BlackBerry
9800

BEn_Prince
XT615
motoRola
XT615

Sony Ericsson
Sony Ericsson
Sony Ericsson
XPERIA
XPERIA
Arc S
White & Black

htc
beatsaudio
htc
With htc sense
beatsaudio
Sensation XE
htc
quietly brilliant

SONY
13:45
SONY
SONY XPERIA Z1

BlackBerry
6:30pm
space
BlackBerry
9900

4:40
nexus
LG
LG
Nexus 4

NOKIA
LUMIA 920

MOTOROLA
verizon
MOTOROLA
RAZR
MOTOROLA
verizon
RAZR

HTC 8X&8S

iPod
Music
Videos
Photos
Podcasts
Extras
Settings
Shuffle Songs
Now Playing
MENU
MENU
CLASSIC

NOKIA
XBOX
41
ZOOM Reinvented
LUMIA 1020

SONY
SONY
Google
9:02
XPERIA
SONY
XPERIA Z
XPERIA ZL

NOKIA
NOKIA
下午 5:20
LUMIA
LUMIA 800 & N9
Ben 8/2 6:51pm.

BlackBerry
BlackBerry
BlackBerry
9700

NOKIA
E72
NOKIA
NOKIA
nokia E72 & 6120c
Ben
4/2
7:34pm

NOKIA
下午 9:15
NOKIA
20:31 pm
It's your choice.
不跟随.
NOKIA Lumia 800 & N9

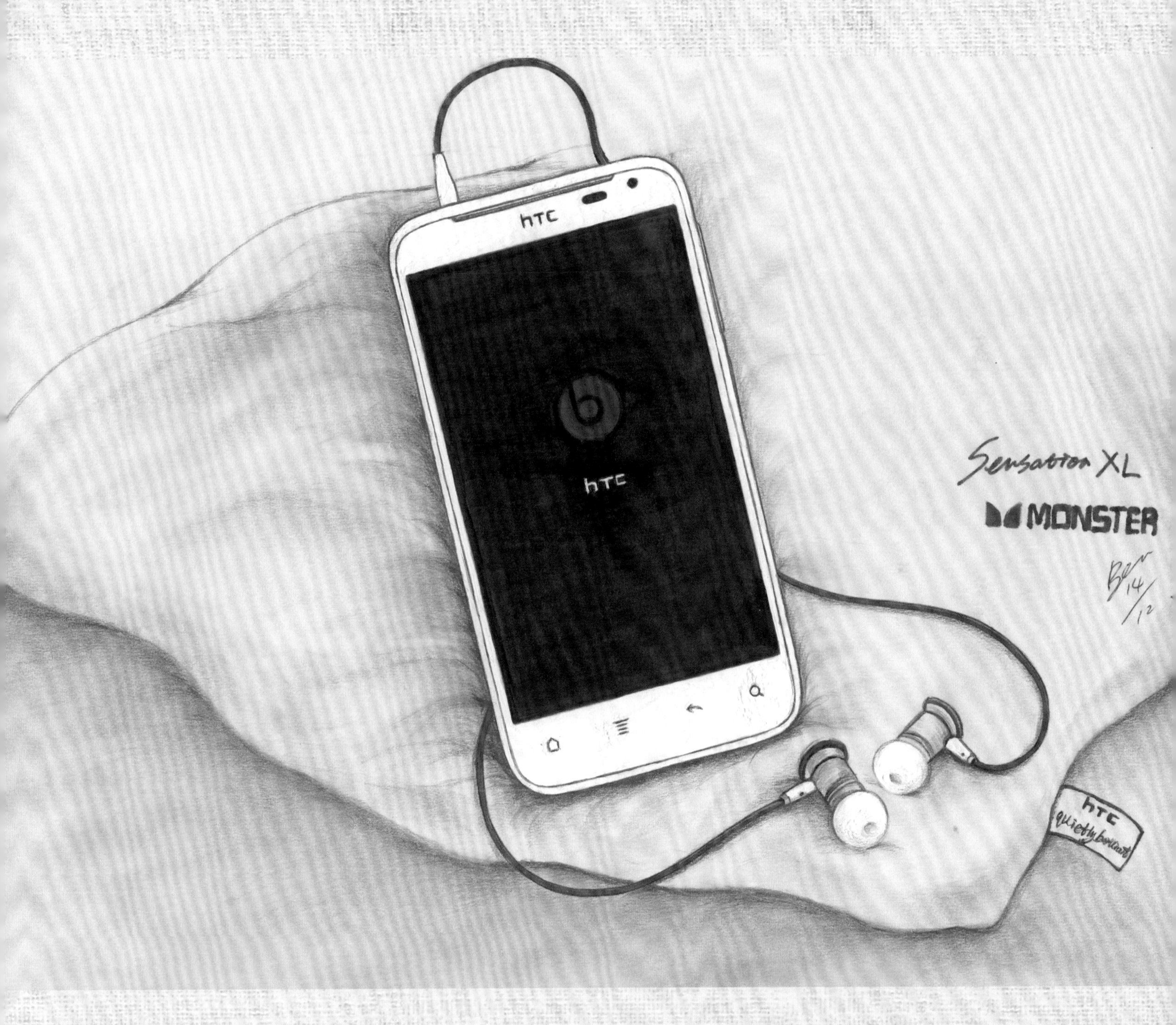
htc
htc
Sensation XL
MONSTER

SONY
XPERIA
XPERIA U

SONY
XPERIA
XPERIA S

SONY
XPERIA
XPERIA P

SONY

SONY
07:35 pm
XPERIA
XPERIA
XPERIA S

XPERIA Z

第4章　相机篇
（Cameras）

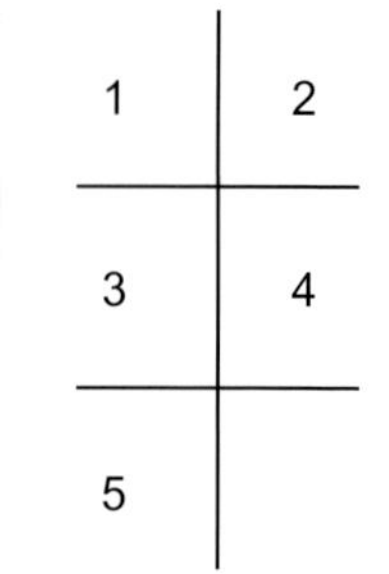

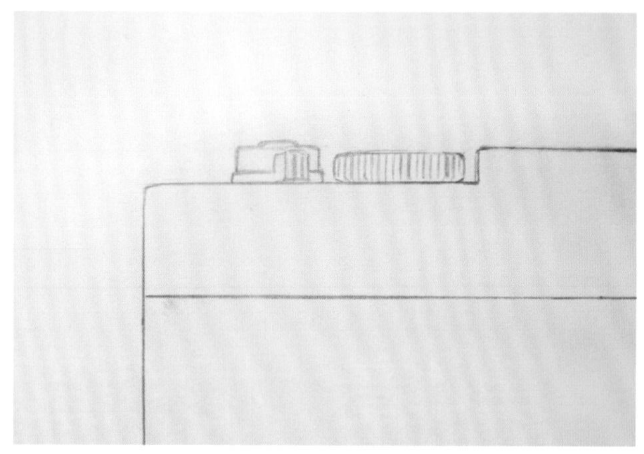

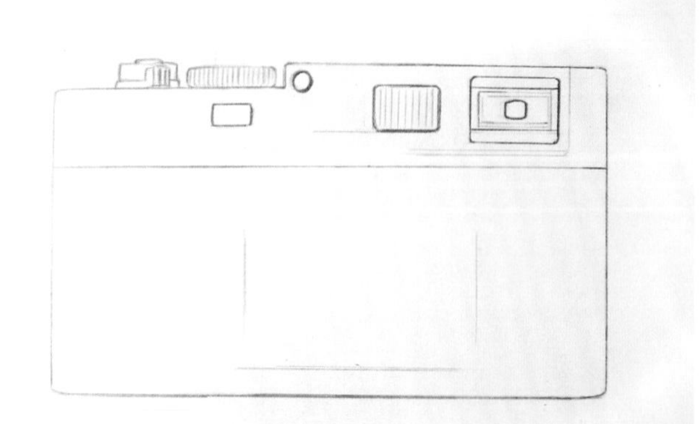

4.1 复古Style——Leica M8

1.工具准备：A4纸，油性记号笔，13、WG9、CG-4号马克笔，427、463号、白色、黑色彩色铅笔，02号针管笔，圆珠笔，0.7芯自动铅笔，橡皮擦，涂改液，直尺，圆规。

2.根据尺寸缩小1.1倍后在纸上居中位置画出相机外形。

3.画出旋钮按键。

4.画出取景器，闪光灯等位置。

5.目测，如图所示，用四边定出镜头的位置。

6	7
8	9
	10

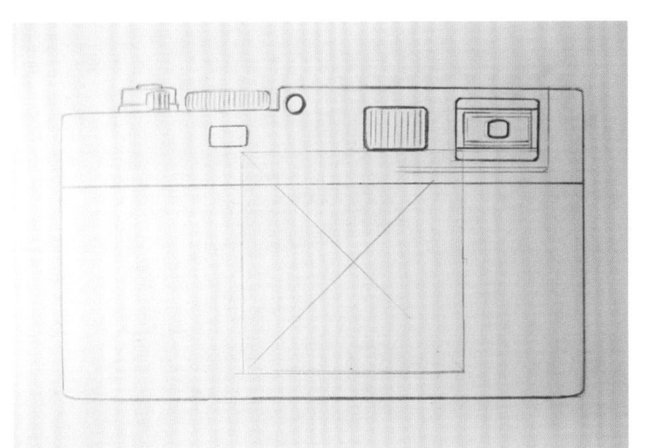

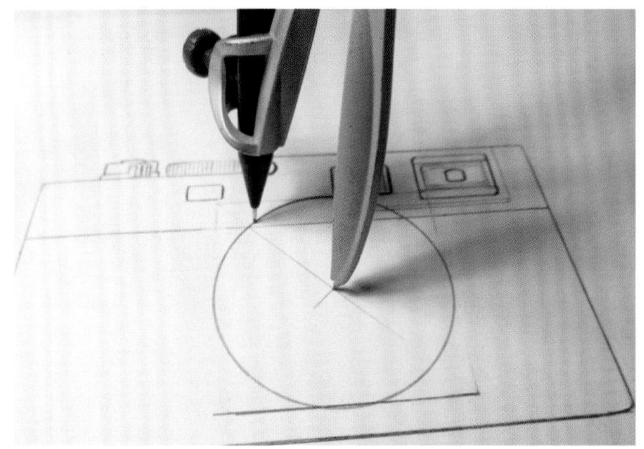

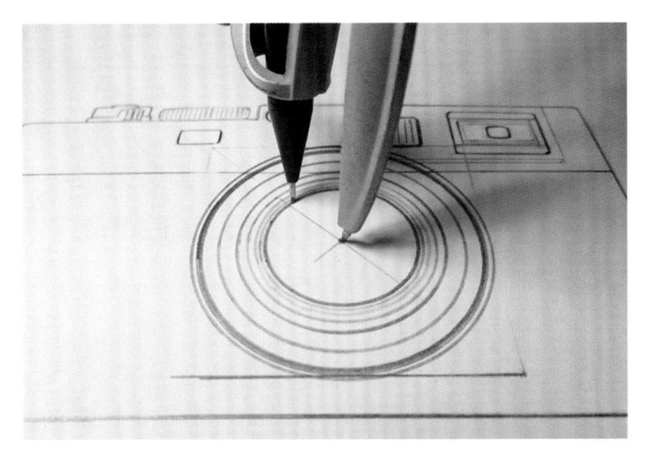

6.画出矩形对角线确定镜头圆形的圆心。

7.用圆规套上铅笔画出镜头的最外镜圈。

8.完成镜头内的结构。

9.画出镜头旁的结构。

10.完成吊带扣及一些结构上的细节，至此相机机身绘制完成。

11	12
13	14
15	

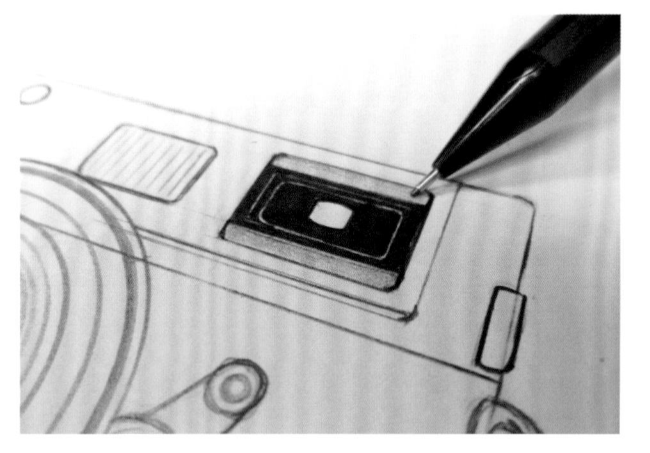

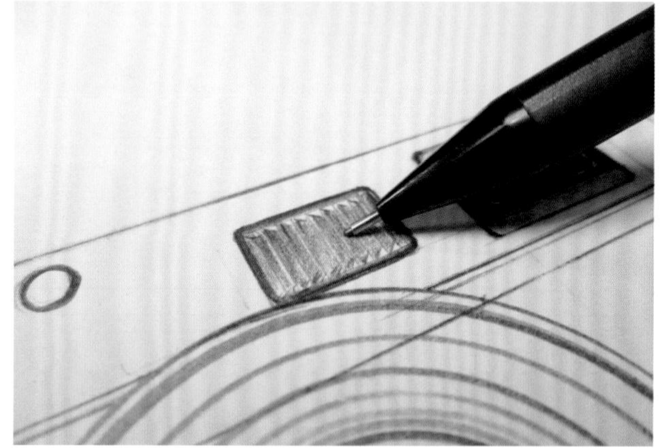

11.用铅笔刻画旋钮细节，画出金属质感。

12.用油性记号笔为取景器上色，注意结构上的留白。

13.用铅笔画出取景器上的灰色部分。

14.用铅笔完成闪光灯内部结构。

15.用463号彩色铅笔为对焦灯画出镜头的光泽感。

16	17
18	19
20	21

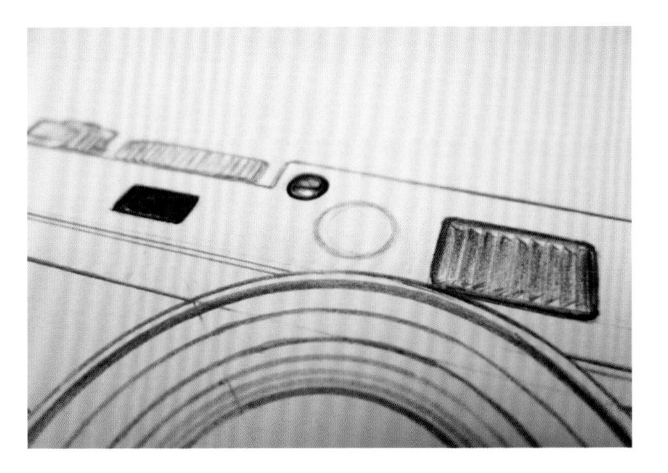

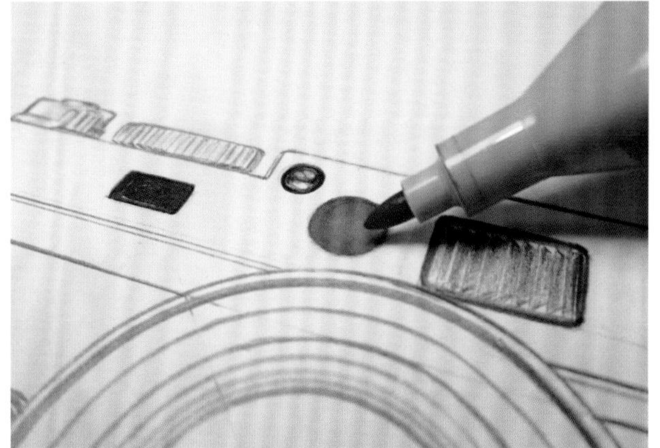

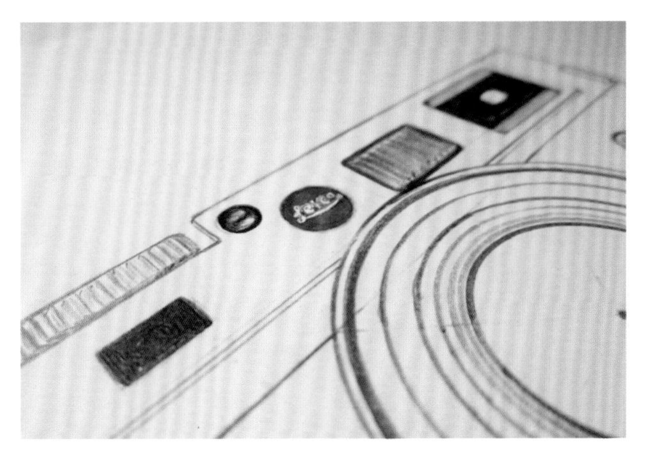

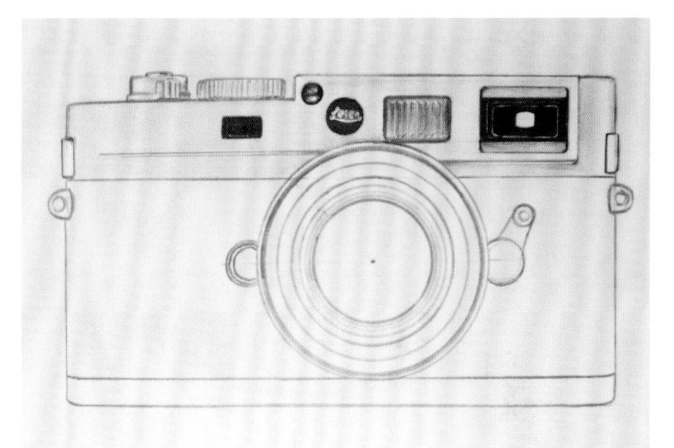

16.画出Logo的位置。
17.用13号马克笔上色。
18.修正液配合铅笔完成Logo的绘制。
19.20.21.为镜头上部分画出金属质感。

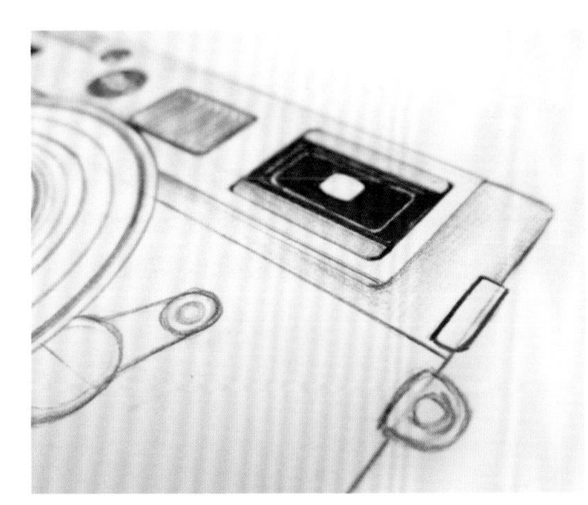

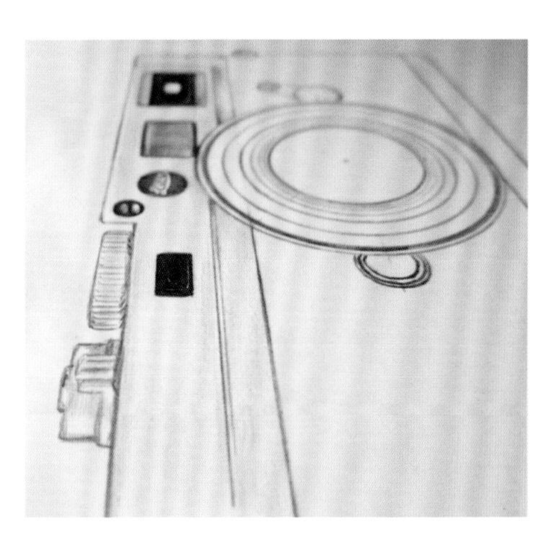

22	23
24	25
26	

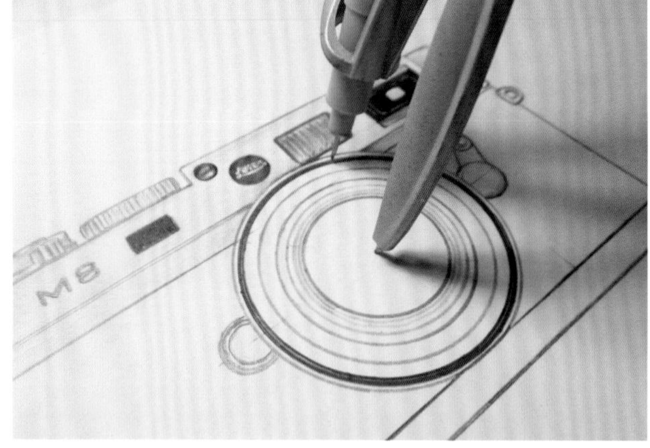

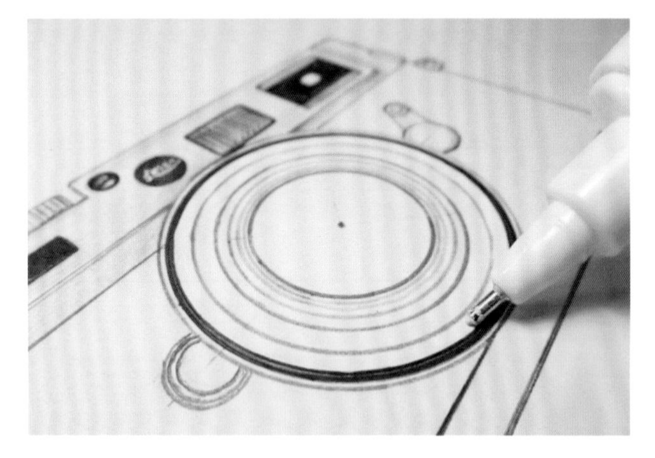

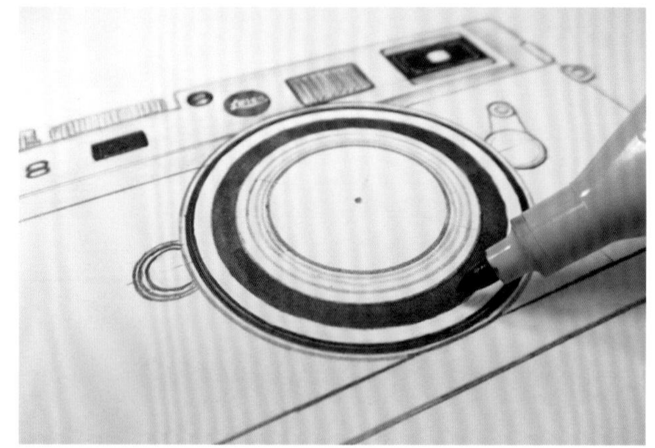

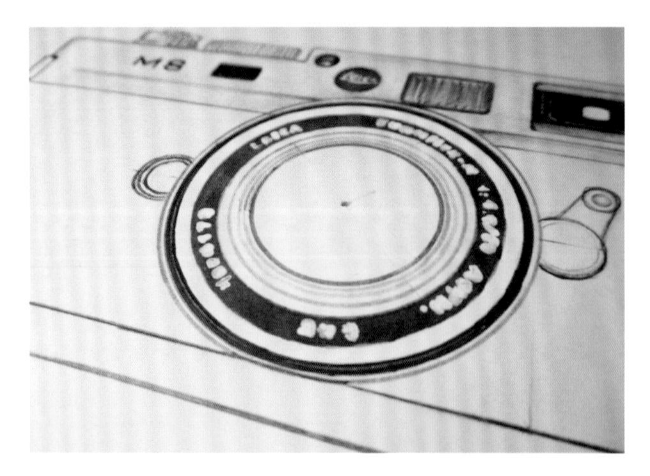

22.用02号针管笔标出相机型号。
23.用圆规套上02号针管笔画出镜头内黑色镜圈。
24.用修正液画出白色镜圈。
25.用WG9号马克笔画出黑色镜圈。
26.用修正液写出黑色镜圈上的字母和数字。

27	28
29	30
	31

27.28.用02号针管笔勾勒字母和数字的边缘。

29.用CG-4号马克笔画出灰色镜圈。

30.用铅笔强调镜头的结构边缘。

31.用圆规套上铅笔再画几个同心圆。

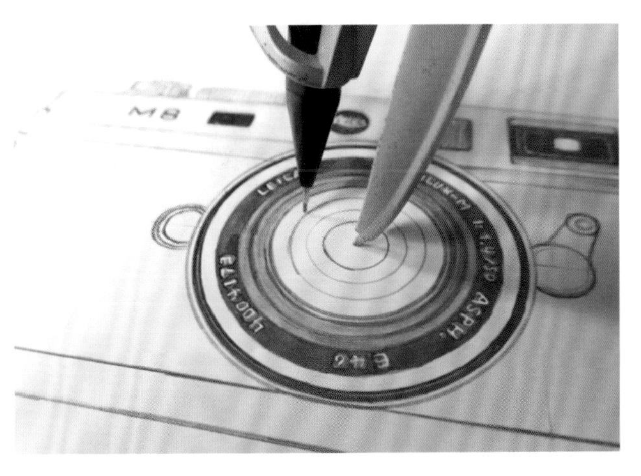

32	33
34	35
36	

32.用427、463号彩色铅笔画出镜头光泽。

33.其余部分用油性记号笔填充，注意每一圈稍微地留白。

34.用白色彩色铅笔画出镜头的光泽。

35.稍微用黑色彩色铅笔修饰一下427、463号和白色彩色铅笔的痕迹。

36.用铅笔加深镜头内部的颜色。

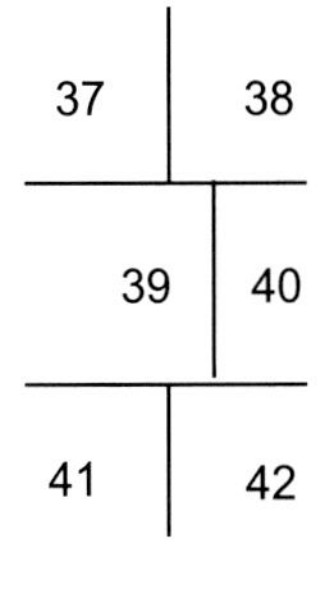

37.在镜头中央用修正液画出高光效果，至此相机镜头绘制完成。

38.39.40.继续完善机身的细节。

41.42.先用黑色彩色铅笔涂一遍皮革部分，边缘实涂，其余部分平铺即可。

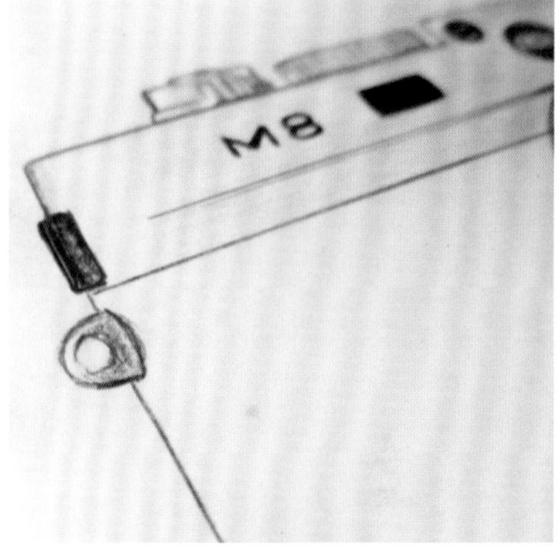

43	44
45	46

43.用CG-4号马克笔的大笔触在黑色彩色铅笔上画出块状纹理，注意不要涂满，稍微留白。

44.机身弧度位置的颜色较深，无留白。

45.皮革位置绘制完成。

46.与镜头上部分金属部分绘制方法一样，为底部画出金属质感，弧度位置稍微加强颜色深度。

47	48
49	50

47.48.49.加强阴影和结构边缘的阴影。

50.画出机身底部的投影。

51

52

51.用圆珠笔为底部描边，增强立体感。至此，本例绘制完成。

52.效果图。

1	2
3	4
	5

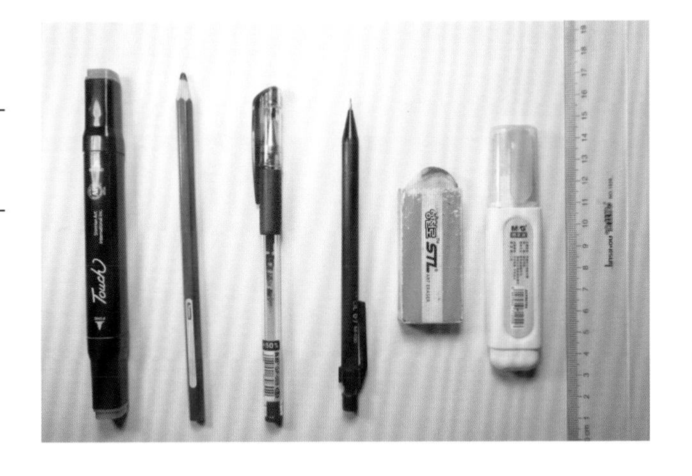

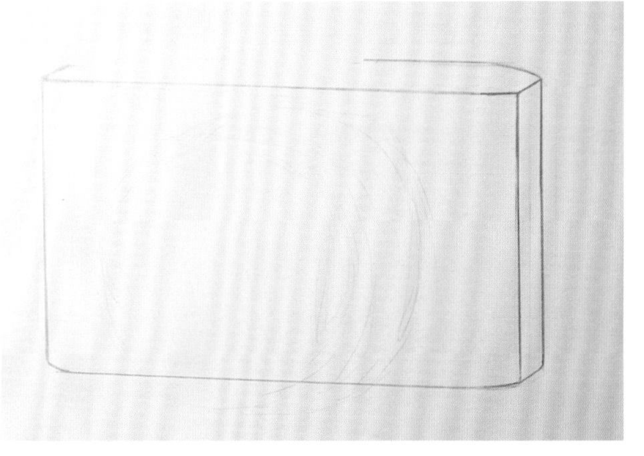

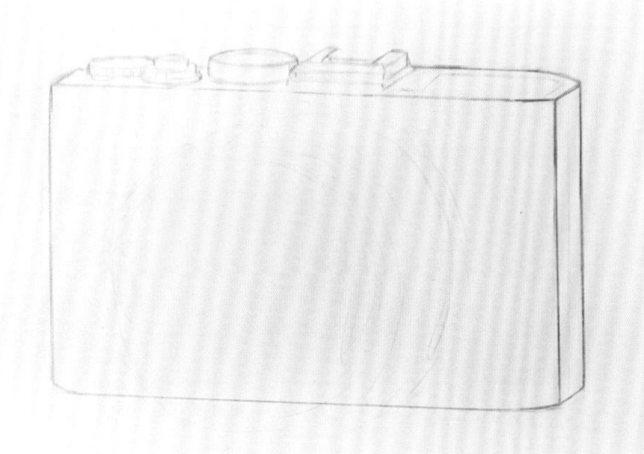

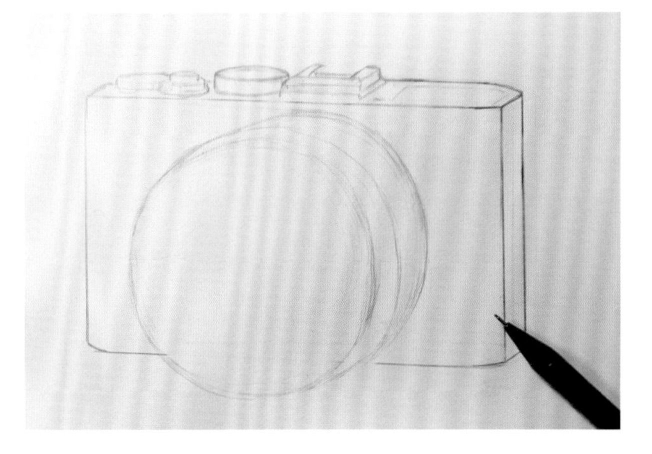

4.2 黑卡RX1

1.工具准备：A4纸、24号马克笔、445号彩色铅笔、红色中性笔、0.7芯自动铅笔、橡皮擦、修正液、直尺。

2.根据尺寸画出相机的外形框架。

3.画出相机顶部按钮。

4.画出镜头位置。

5.给镜头分层。

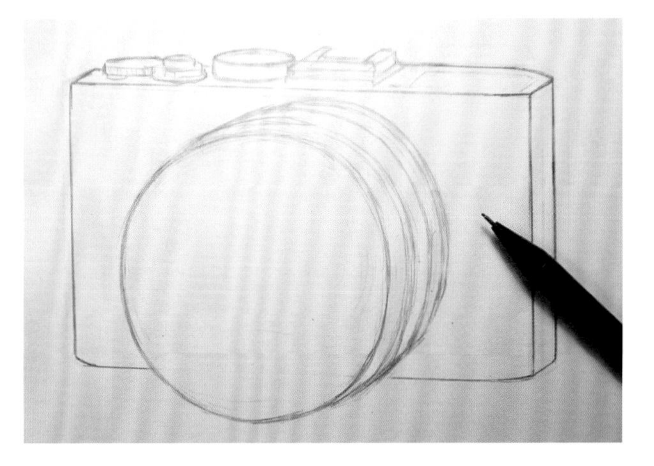

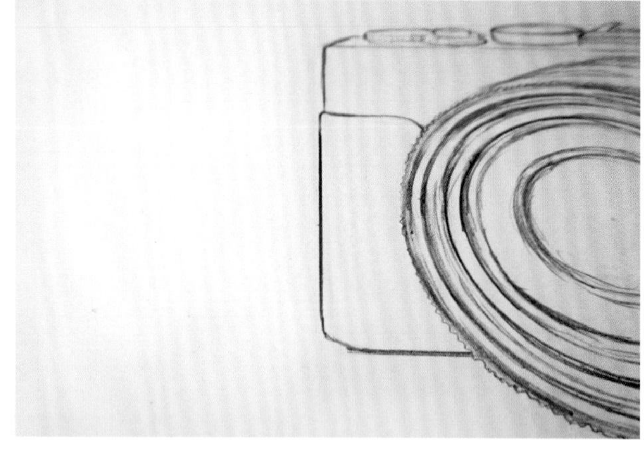

6	7
8	9
10	

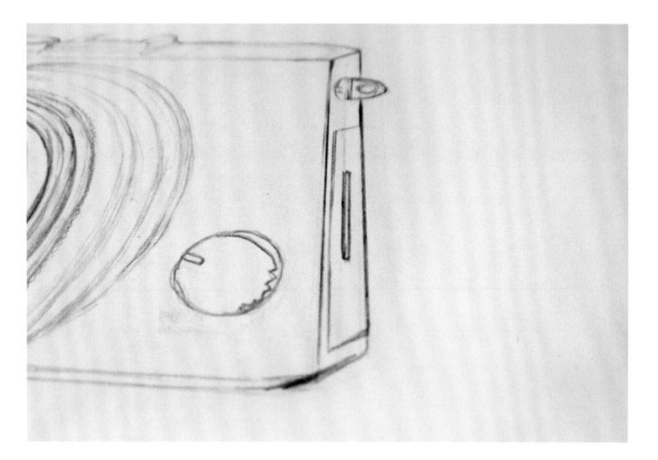

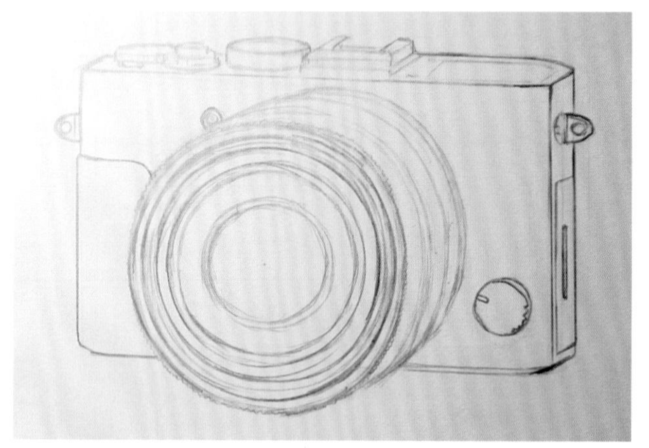

6.画出镜头内部的结构。

7.8.画出皮革部分，补充机身细节。

9.至此相机机身绘制完成。

10.用铅笔使用不同的灰度为镜头圈上色。

11	12
13	14
	15

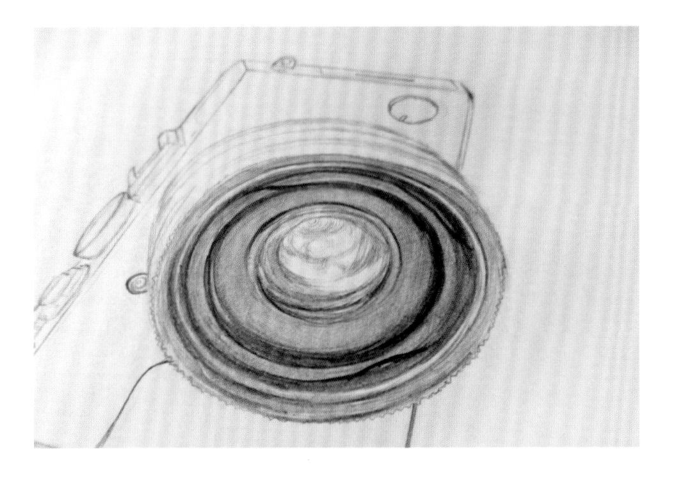

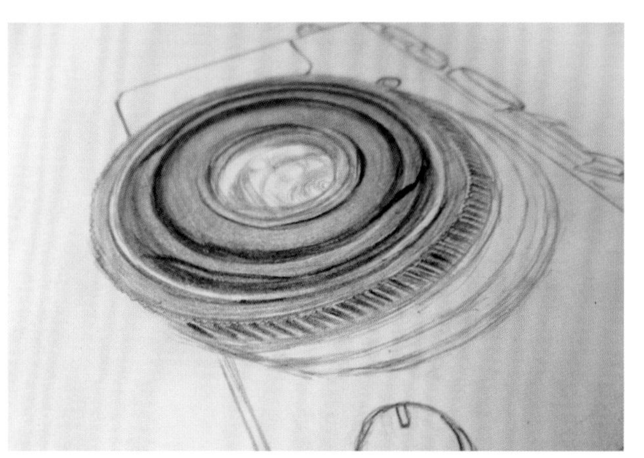

11.12.画出镜头中心的光芒效果。

13.14.画出变焦环上的刻度，用铅笔为刻度上色，主要结构需留白。

15.用铅笔完成整个镜头的色调。

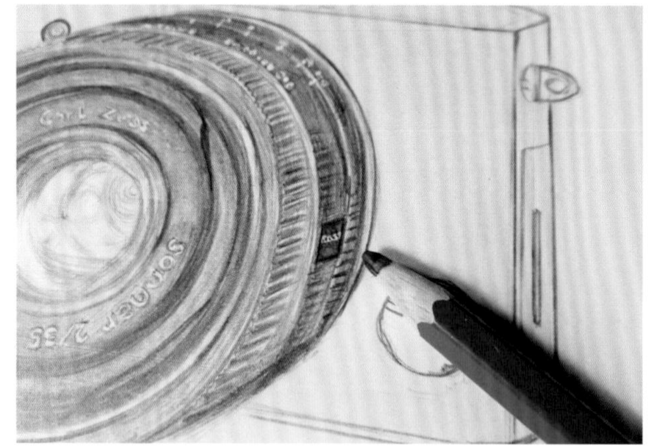

16	17
18	19
20	

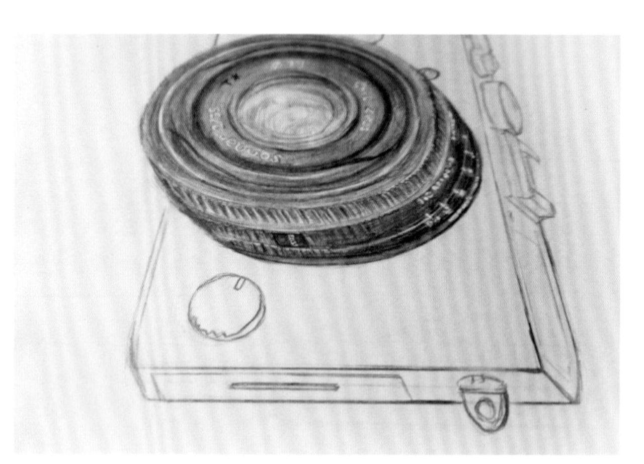

16.用修正液写出镜头上的字母和数字，稍微点缀即可。用红色中性笔写“T*”标志。

17.用修正液配合445号彩色铅笔画出蔡司蓝标。

18.用24号马克笔为橙色的环上色。

19.继续刻画镜头的细节，增加铅笔颜色上的对比度。

20.至此镜头刻画完成。

21	22
23	24
	25

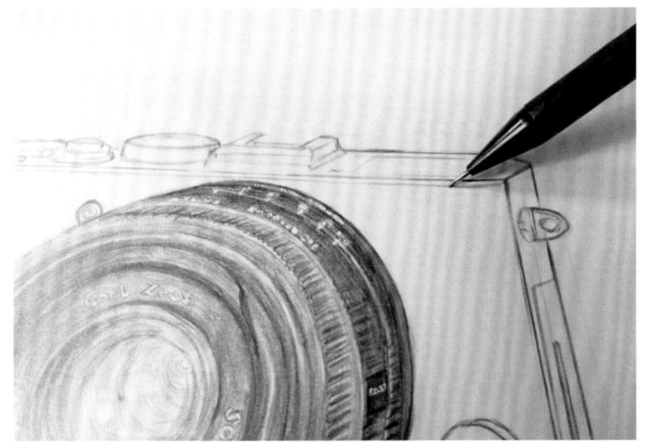

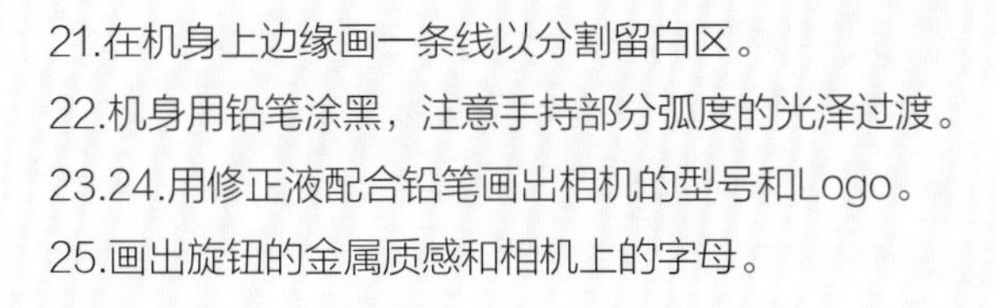

21.在机身上边缘画一条线以分割留白区。
22.机身用铅笔涂黑，注意手持部分弧度的光泽过渡。
23.24.用修正液配合铅笔画出相机的型号和Logo。
25.画出旋钮的金属质感和相机上的字母。

26	27
28	29
30	

26.用铅笔涂黑色皮革部分。

27.用铅笔在皮革区域画出不规则的曲线。

28.完成机身顶部的结构和上色。

29.为机身底部画出投影。

30.继续刻画机身细节，至此本例绘制完成。

31

31.效果图。

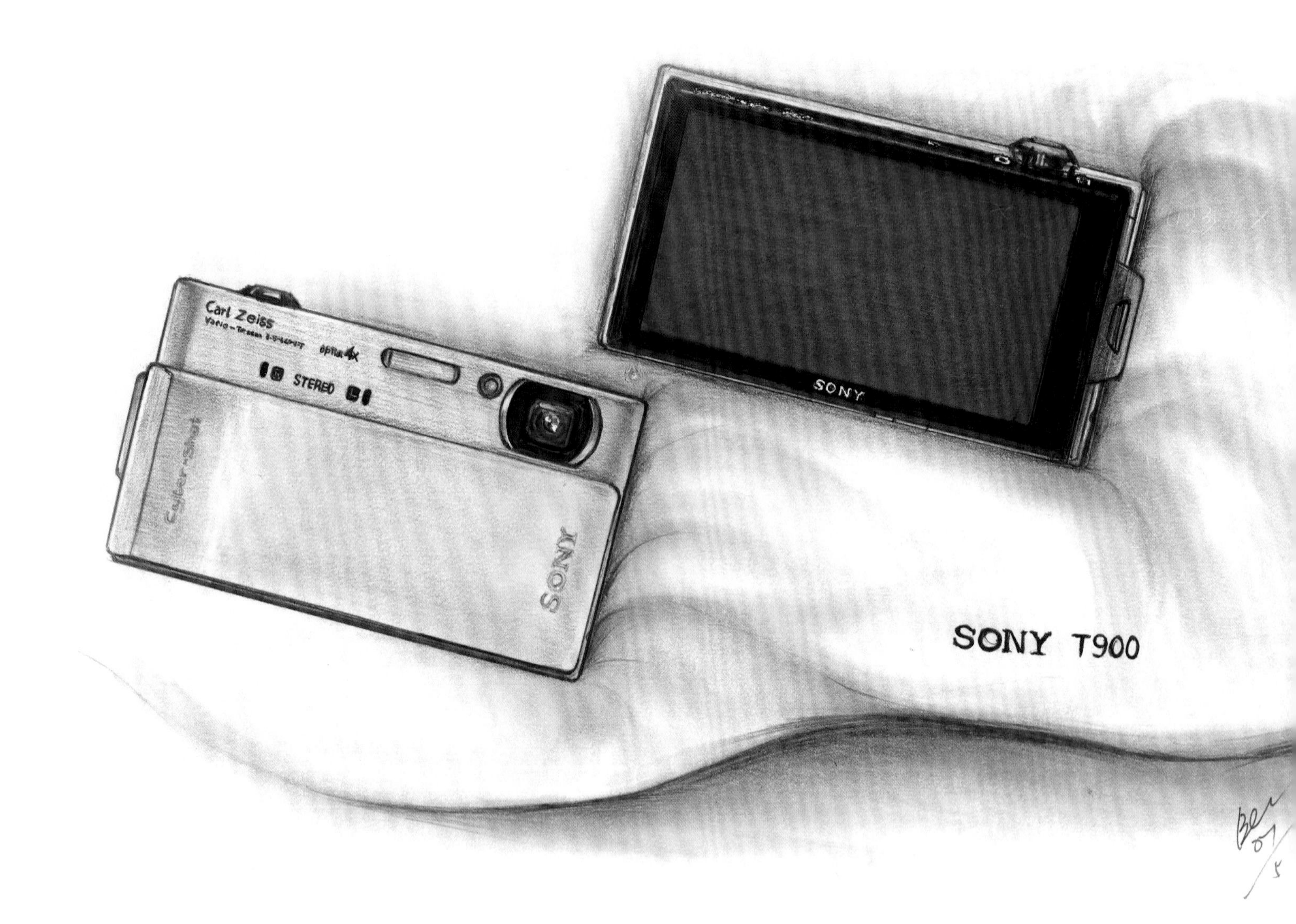
Carl Zeiss
STEREO
SONY
Cyber-shot
SONY
SONY T900

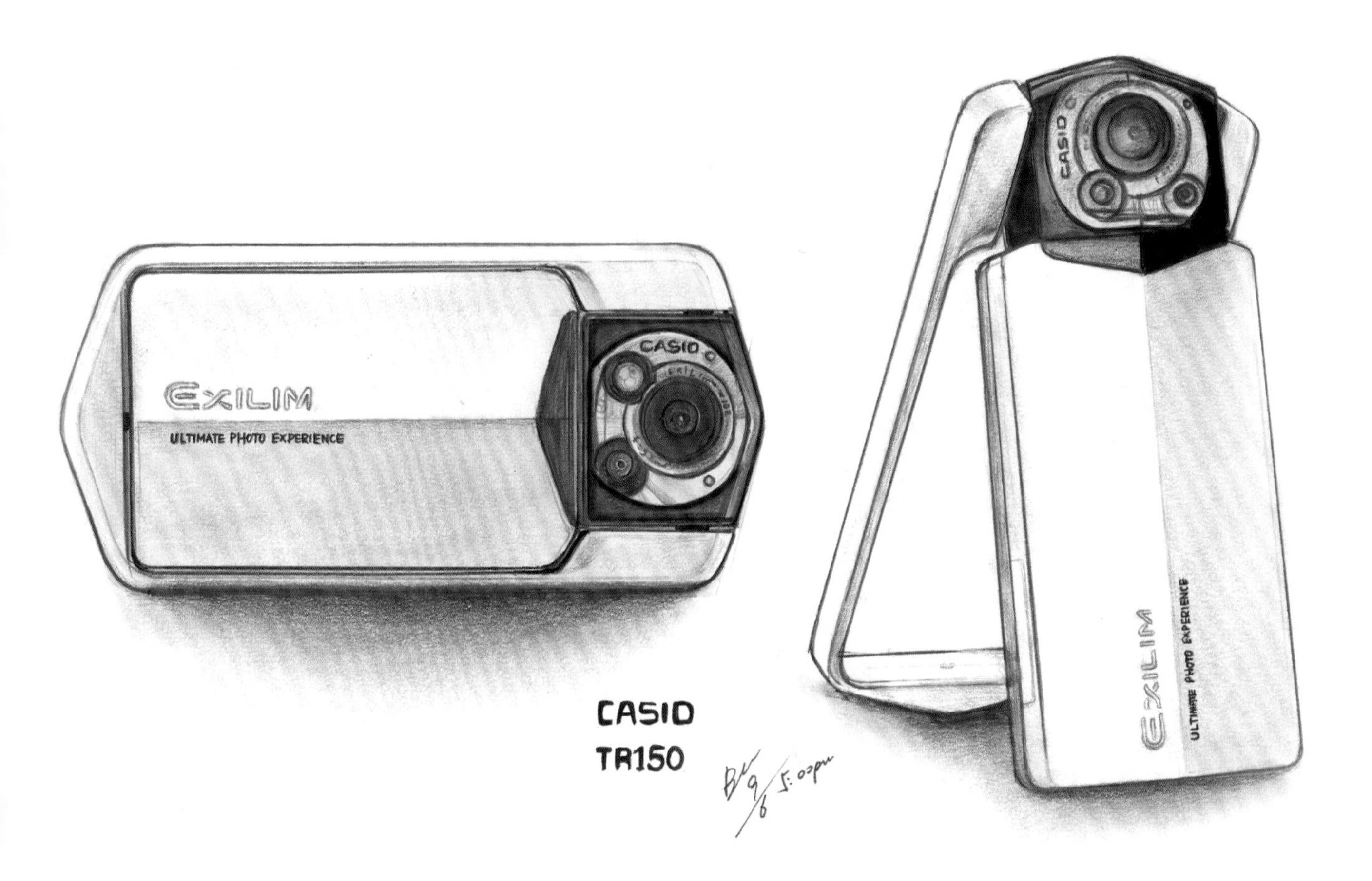
CASIO
EXILIM
ULTIMATE PHOTO EXPERIENCE
CASIO
TR150

THANKS
FinePix X100
18.58pm

GRD 4.
GR
DIGITAL

NOKIA
9:25
NOKIA

第5章　静物篇

（My Favors）

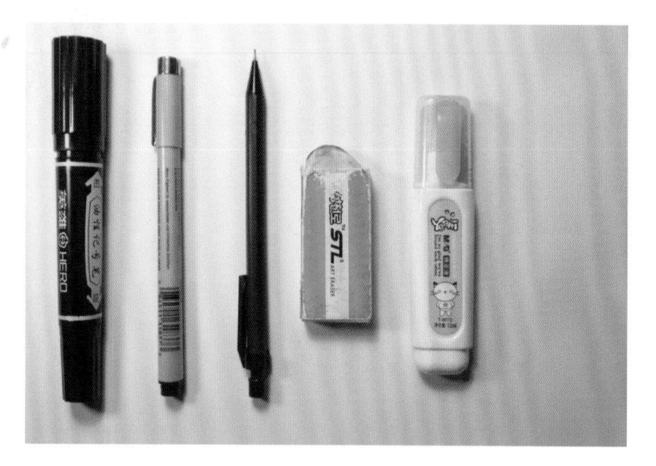

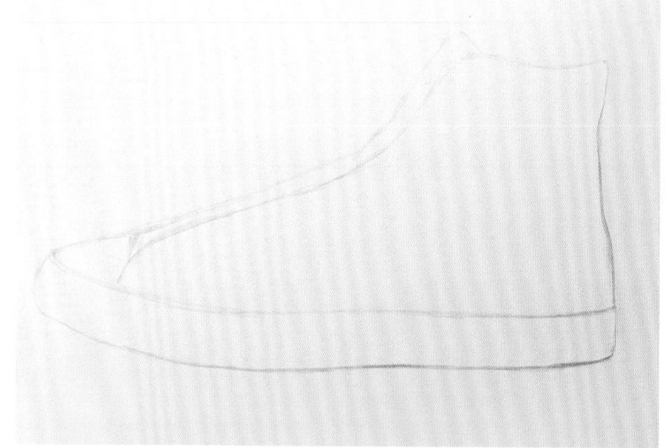

1	2
3	4
5	

5.1 *I'm lovin it——Chuck Taylor*

1.工具准备：A4纸、油性记号笔、02号针管笔、0.7芯自动铅笔，橡皮擦、修正液。

2.画出鞋子的外形。

3.画出穿绳孔的位置。

4.用橡皮擦擦出鞋带覆盖的位置。

5.画出鞋带的形状。

6	7
8	9
	10

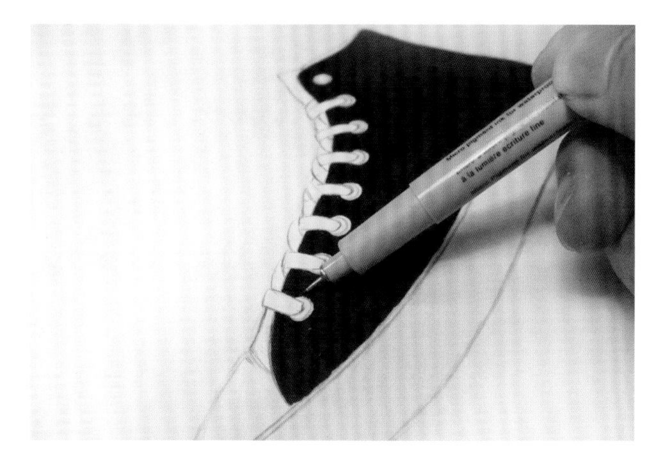

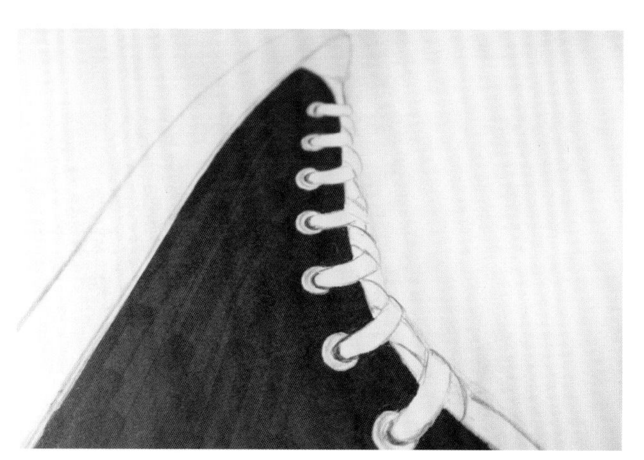

6.画出帆布与鞋底橡胶分隔的黑色条。
7.用油性记号笔为黑色帆布上色，注意鞋带和穿绳孔位置的留白。
8.用02号针管笔修正鞋带和穿绳孔的边缘。
9.用铅笔画出穿绳孔圆圈的金属质感。
10.用铅笔画出线头的位置。

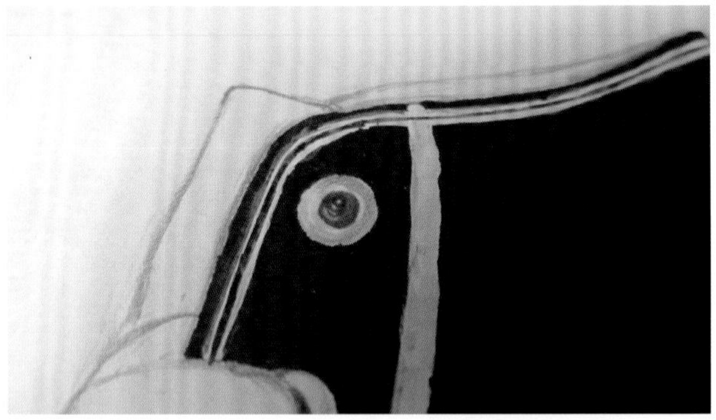

11	12
13	14
15	16

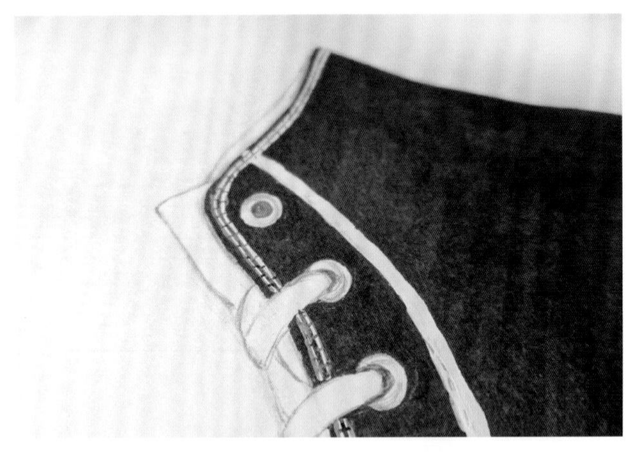

11.用修正液覆盖铅笔的笔迹。

12.13.用02号针管笔平分涂改液画出的痕迹，然后以2mm的大小将其分段成线头。

14.用02号针管笔修饰线头边缘。线头的形状偏椭圆，线头间有一定的距离，线头大小约1.4mm。

15.16.绘制完成鞋身所有的线头。

17	18
19	20
	21

17.用02号针管笔为鞋舌位置上色。

18.用铅笔为鞋带画出纹理效果。

19.20.21.为鞋带的交叉位置画出阴影，并画出鞋内阴影，修正鞋头线条。

22	23
24	25
26	

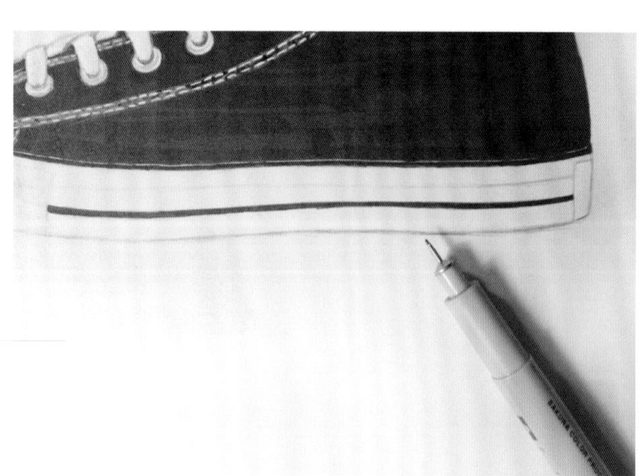

22.用02号针管笔为帆布与鞋底橡胶分隔的黑色条上色，注意帆布交界处的留白以表现光泽。

23.画出鞋底橡胶部分的结构。

24.用铅笔画出鞋头下部的纹理。

25.用橡皮擦浅化纹理。

26.黑色条用02号针管笔上色。

27	28
29	30
	31

27.用02号针管笔写出能看到的Logo字母。
28.用铅笔为橡胶部分加上一些灰色的质感。
29.30.31.用铅笔在鞋头、橡胶部分画出摩擦痕迹的做旧效果。

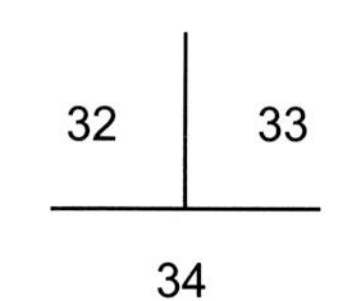

32.33.为鞋子底部增加阴，影以增强空间感和立体感，继续完善一些细节。至此，本例绘制完成。

34.效果图。

1	2
3	4

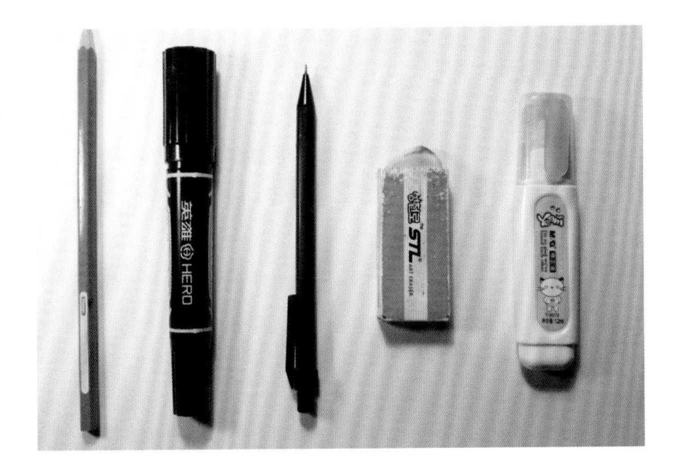

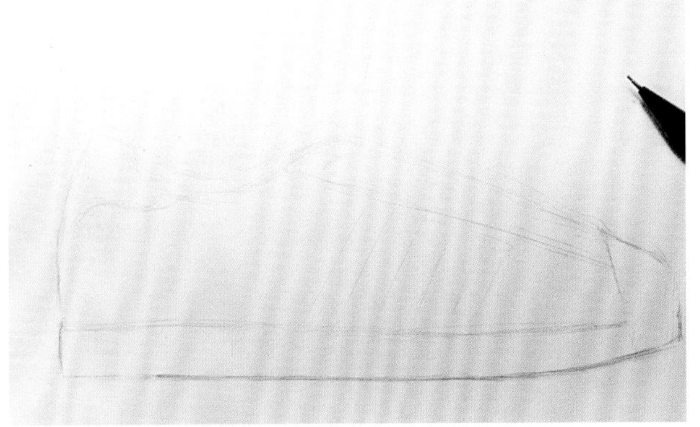

5.2 *White&Black——Adidas Superstar*

1.工具准备：A4纸、油性记号笔、83号彩色铅笔、0.7芯自动铅笔、橡皮擦、修正液。

2.画出鞋子的外形和部分结构线。

3.画出鞋后跟、鞋舌、鞋带、确定鞋子的线条。

4.画出鞋后跟的Logo图案。

5	6
7	8
9	10

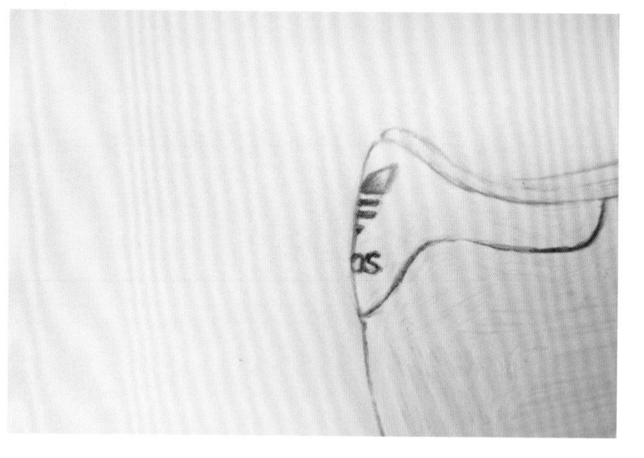

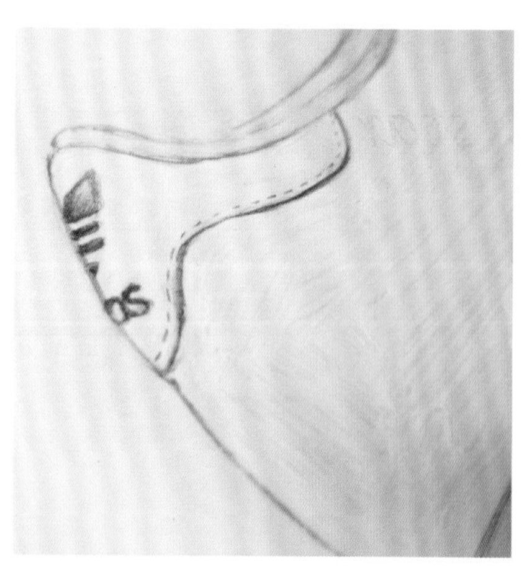

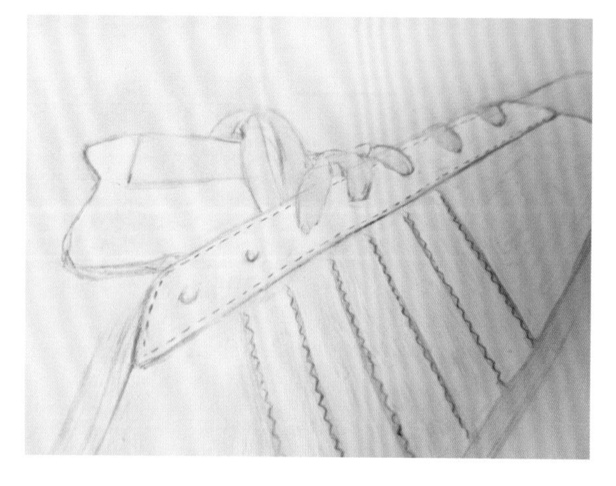

5.6.画出三条装饰边的位置以及边缘锯齿的形状。

7.用修正液为鞋身皮革部分上色。

8.用铅笔画出Logo颜色。

9.10.鞋后跟和穿绳孔区域皮革的线头用铅笔画出。

11	12
13	14
15	16

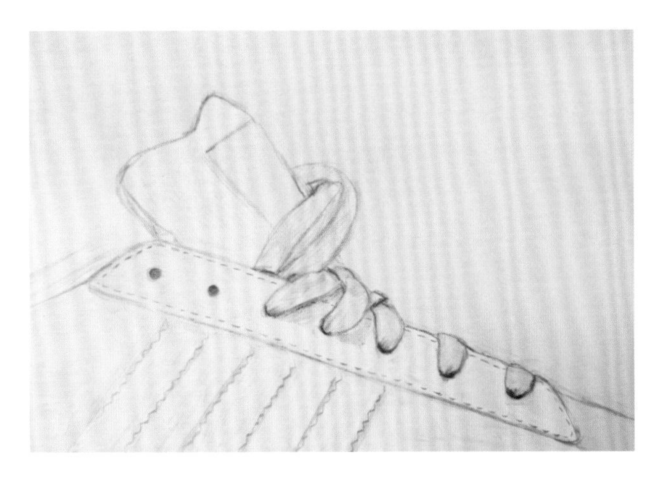

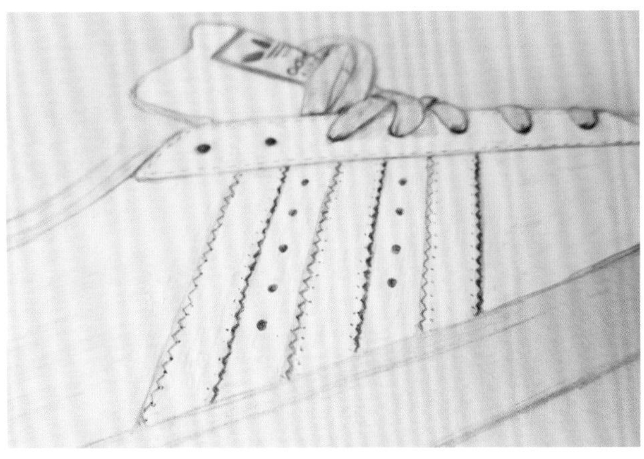

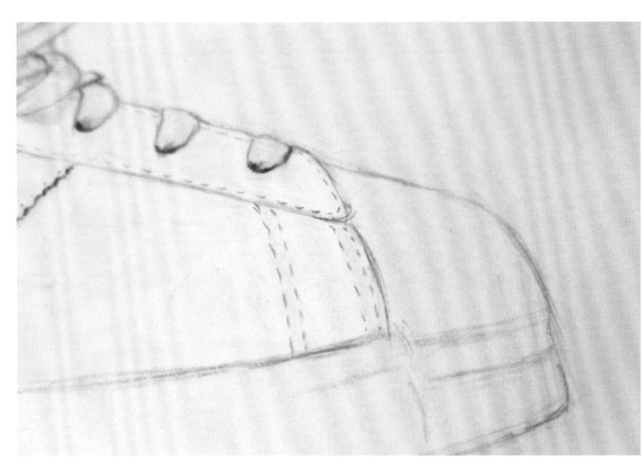

11.画出鞋带孔并描绘鞋带的纹理、阴影等细节。

12.用铅笔画出鞋舌上的Logo。

13.画出三条装饰带的针孔状，加深锯齿状的阴影和排气孔。

14.15.16.继续描绘鞋身上的细节。

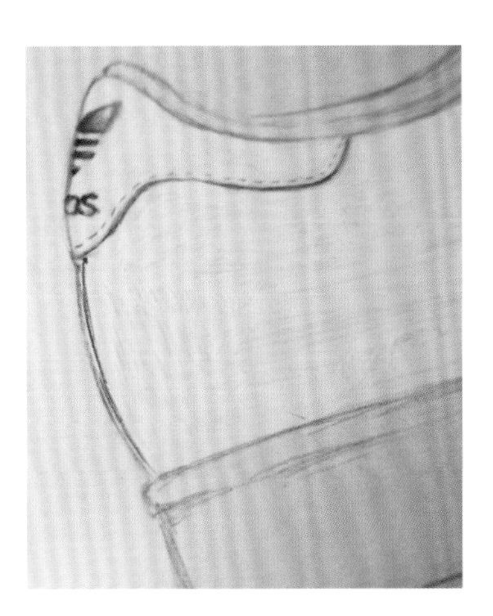

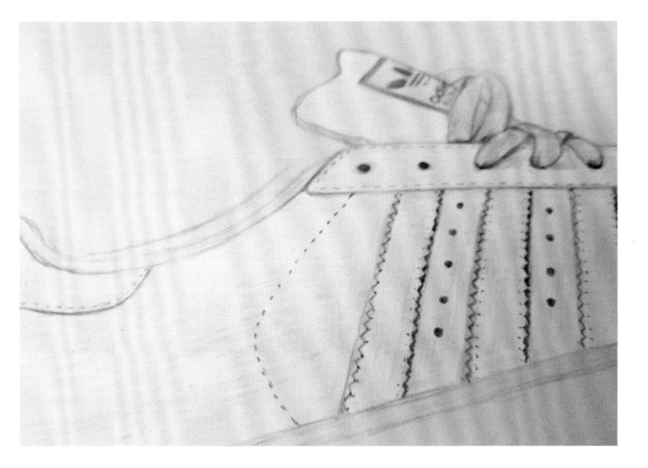

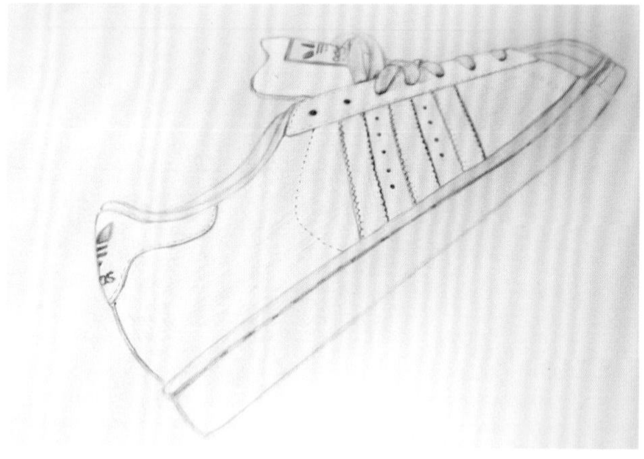

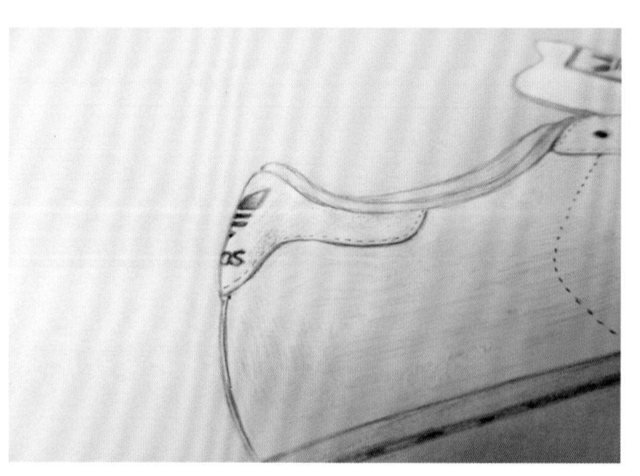

17	18
19	20
21	

17.描绘鞋头的结构。

18.画出鞋底部的拉线位置。

19.20.21.用483号彩色铅笔在鞋底、鞋头、鞋舌及鞋后跟部位画出淡淡的土黄色，以表现做旧效果。

22	23
24	25
	26

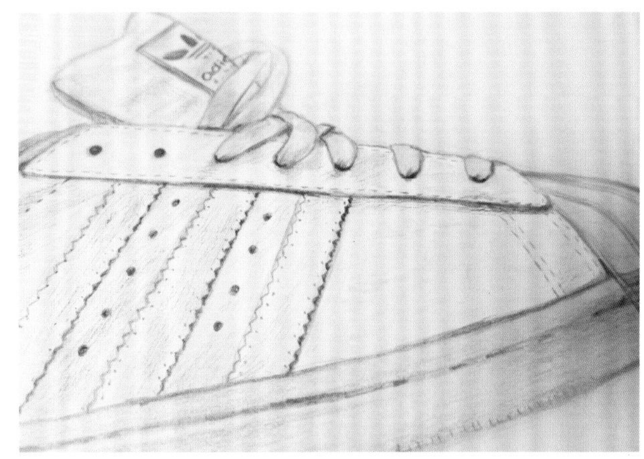

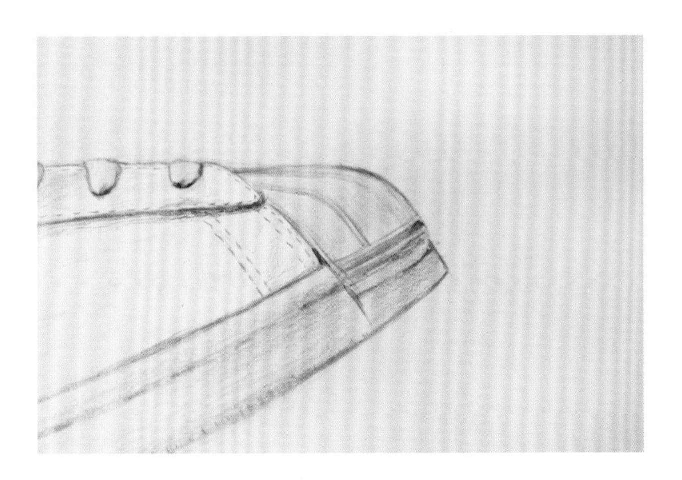

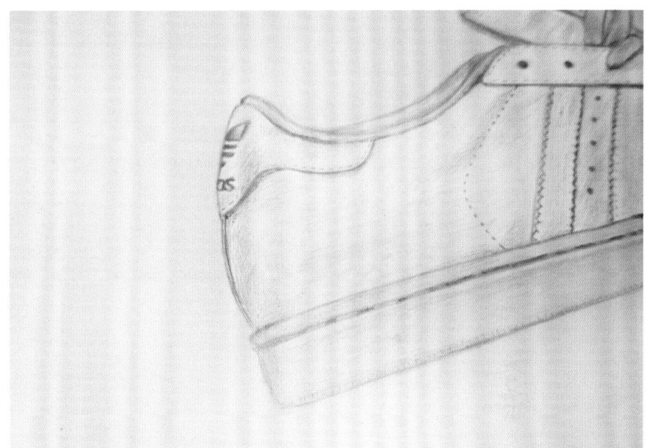

22.23.24.25.26.画出鞋身的阴影效果。

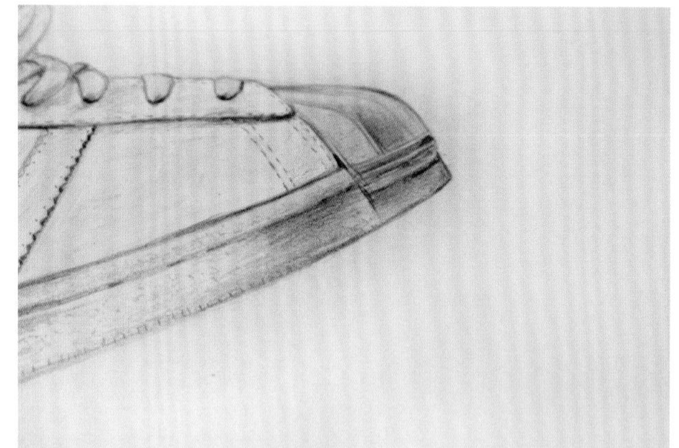

27	28
29	30
31	

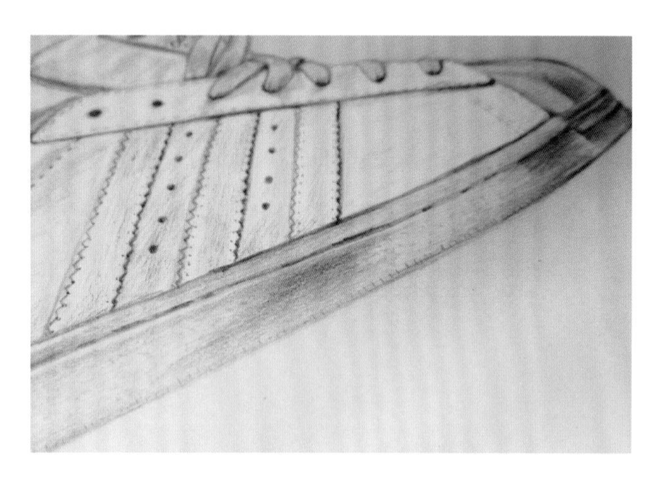

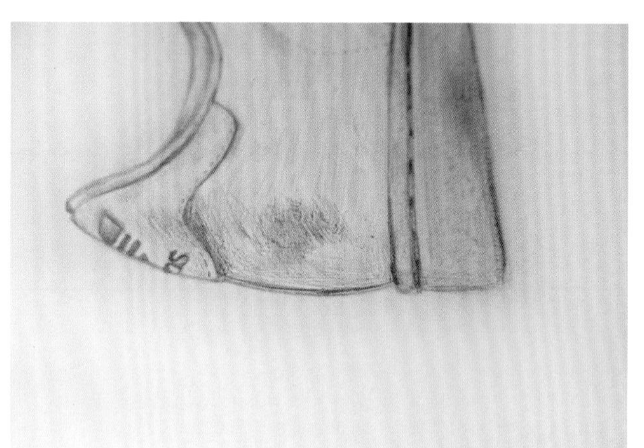

27.用铅笔画出橡胶的细小纹理，稍微点缀一下即可。

28.29.30.31.用铅笔为鞋头、鞋底、鞋后跟和部分鞋身画出磨损效果。

32	33
34	

32.为鞋底画出投影。

33.用油性记号笔为三条装饰边上色。至此，本例绘制完成。

34.效果图。

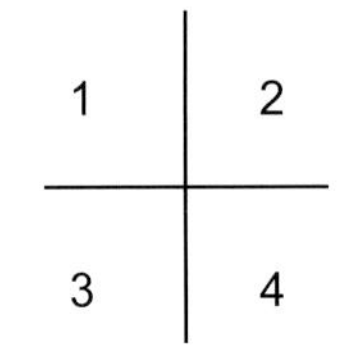

5.3 Paint your picture

1.工具准备：A4纸，CG-1、BG-3、WG-6、13、76、94、96号马克笔，432、445、449、451、483号和黑色、白色彩色铅笔，0.7芯自动铅笔，橡皮擦，修正液，直尺。

2.有时候，从某种层面上说，存放在手机里或者电脑上的照片，终究也只是数据。那么，除了打印，其实还可以通过手绘将你的美好回忆真实地还原。照片内容为一块手表放在一本牛仔裤杂志封面上。在纸张居中位置根据照片尺寸比例画出“相框”。

3.画出物体大概的位置。

4.画出照片中手表的外部细节。

5	6
7	8
	9

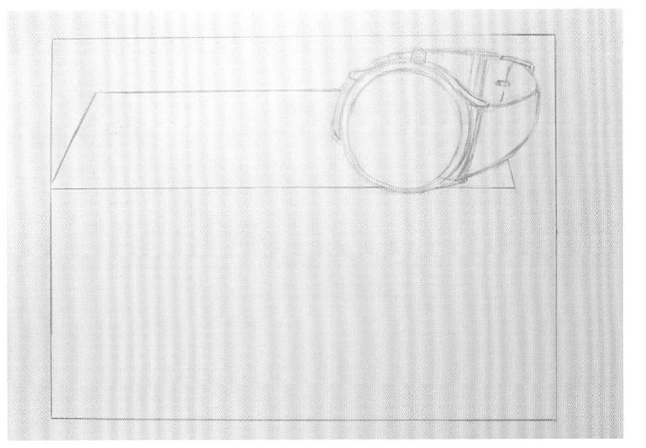

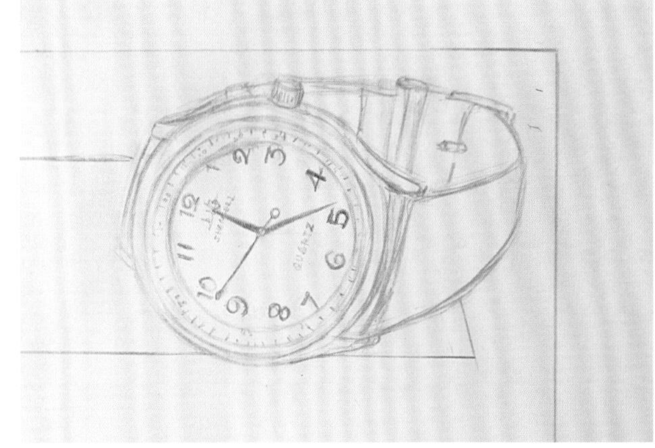

5.画出照片中手表的外部细节。

6.补充画出手表表盘的细节。

7.先用96号马克笔为表带上色，再用94号马克笔覆盖，表现红棕色的感觉。

8.用CG-1号马克笔为手表金属灰部分上色。

9.在CG-1号马克笔基础上用铅笔画出金属的质感和指针的投影。

10	11
12	13
14	

10.先用483号彩色铅笔画表带内侧，再用432号彩色铅笔覆盖。

11.用WG-6号马克笔画红棕色表带的暗部色彩。

12.用铅笔继续刻画手边的金属光泽感和一些暗部的细节，至此手表的绘制完成。

13.画出字母Logo的线框。

14.用13号马克笔画出红色部分，上色前将字母的铅笔痕迹用橡皮擦稍微减淡一些。

15	16
17	18
	19

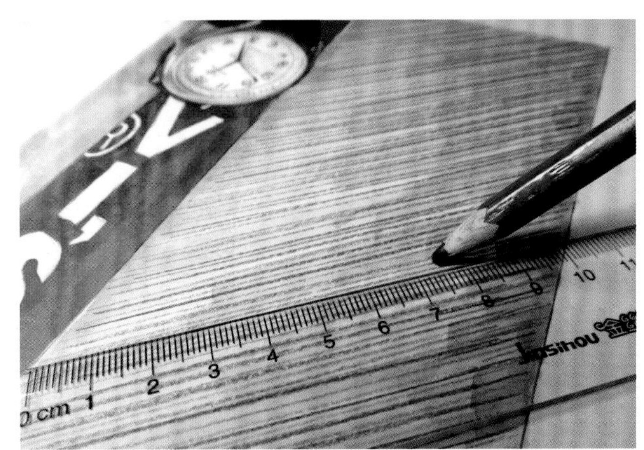

15.16.顺着照片中牛仔布的纹理用BG-3号马克笔上色。

17.用445号彩色铅笔配合直尺平行画出牛仔布的纹理直线。

18.用更深颜色的449号彩色铅笔在445号彩色铅笔的直线间隔中画平行直线。

19.用445号彩色铅笔轻轻平涂牛仔布。

20	21
22	23
24	

20.用76号马克笔顺着直线方向，轻扫平铺覆盖所有彩色铅笔色彩。

21.用黑色彩色铅笔画出牛仔布深色的部分。

22.用铅笔画出手表在杂志封面上的投影。

23.用白色彩色铅笔画出手表玻璃在杂志封面上的反光。

24.用铅笔描绘“相框”边缘使之有阴影效果，至此本例绘制完成。

25

26

25.26.效果图。

5.4 作品展示

GW-5600

Jack Purcell

MENU
iPOD
Nano 1
MENU
Nano 3
MENU
Nano 4

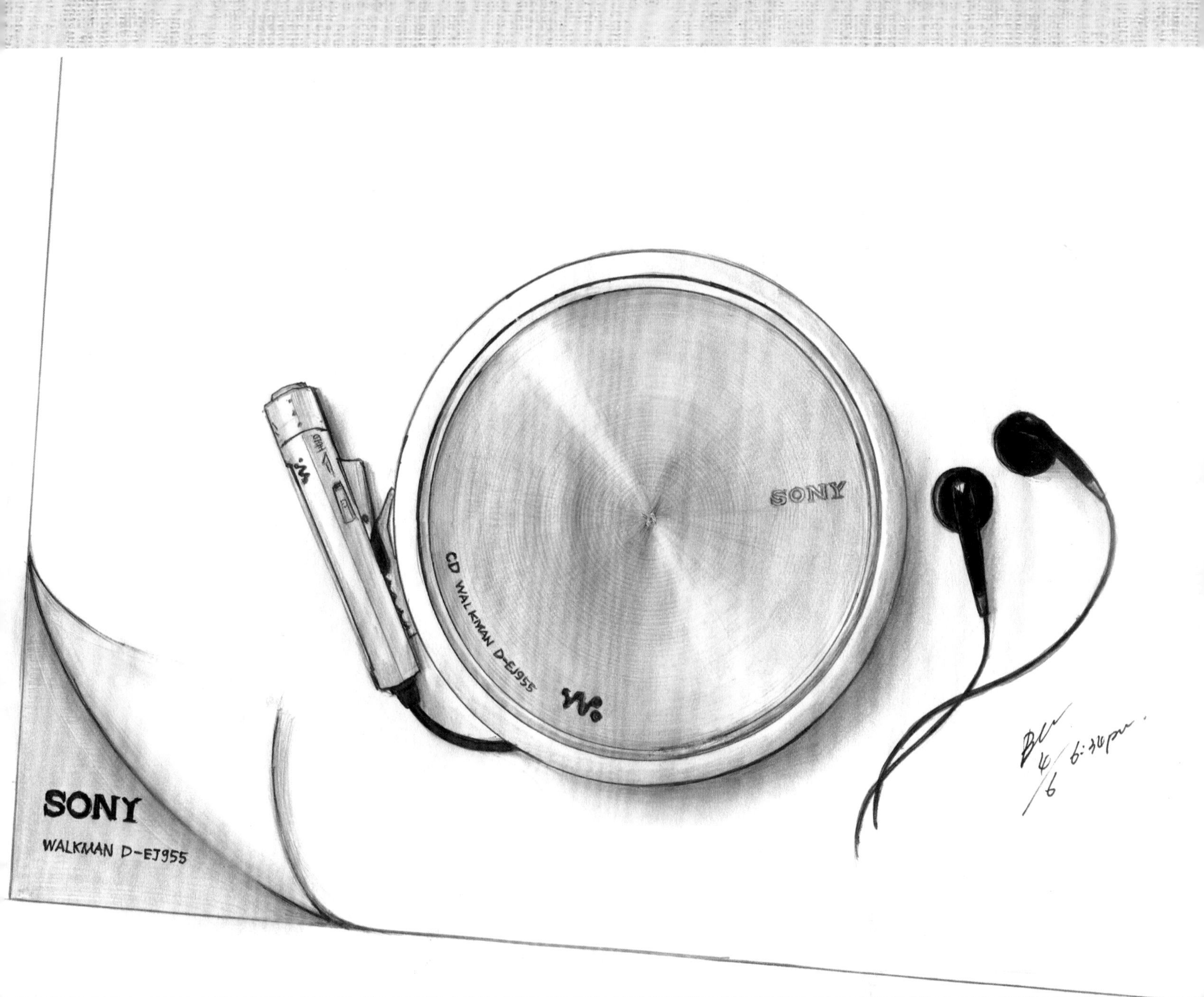
SONY
CD WALKMAN D-EJ955
SONY
WALKMAN D-EJ955

OXFORD

ALL STAR ★

Liberty x Nike Air Max 90 Flo
AIR MAX

VANS
"OFF THE WALL"
Old School

VANS

Slip-on.

CONVERSE
Chuck Taylor
ALL STAR
Converse.
Chuck Taylor ALL-STAR

adidas Superstar

VANS Sk8-Hi

Air Jordan
XI

第6章　车子篇

（Cars）

1	2
3	4
5	

6.1 MINI COOPER

1.画出车身轮廓。

2.完成车身的结构线稿。

3.画出车内一些物体外形。

4.通过铅笔用不同深度表现车内座位，方向盘等物体。

5.画出车头大灯的结构。

6	7
8	9
	10

6.画出前脸栅格结构并用铅笔上色。

7.用铅笔将车身涂成灰色。

8.9.用铅笔为车轮上色并画出轮圈结构。

10.用纸巾将车身的灰色铅笔颜色涂抹均匀。

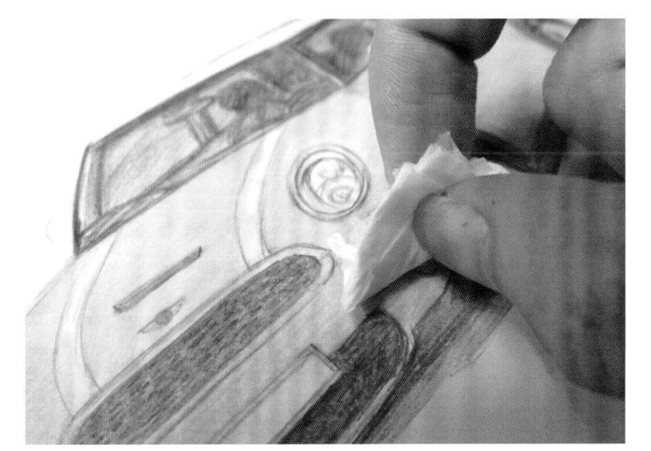

11	12
13	14
15	

11.用橡皮擦淡化车顶铅笔线条。

12.刻画车窗的高光和车内细节。

13.用橡皮擦在车身上擦拭出金属的高光位置。

14.用铅笔稍微加深灰色的浓度。

15.画出车牌。

16 17

18

19

16.修正车灯线条和细节。

17.画出车轮部分的光泽感，细化轮圈内的细节。

18.继续刻画车身的细节，并画出车身底部的投影。至此，本例绘制完成。

19.效果图。

1	2
3	4
5	

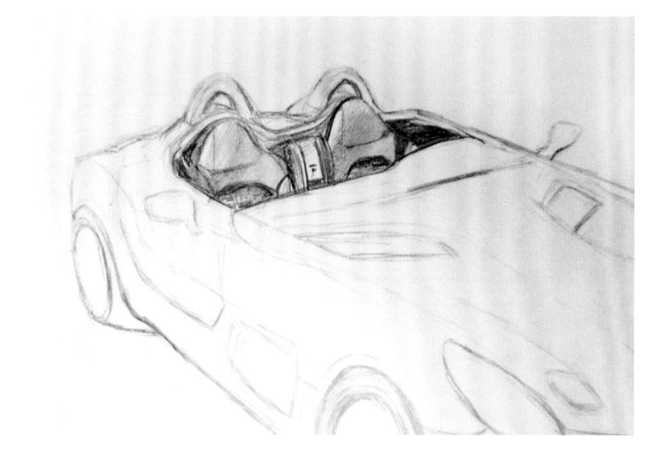

6.2 SLR Mclaren

1.画出车身轮廓（注意透视的表现）。

2.完成车身的结构线稿。

3.通过铅笔用不同深度完成驾驶舱细节以及颜色。

4.用铅笔涂黑栅格和进风口。

5.先画出车灯内的大致结构线。

6	7
8	9
	10

6.用铅笔根据颜色深浅上色。
7.用修正液点缀出LED灯的效果。
8.用铅笔作排线表现车身的金属灰质感，车身颜色越深的地方，排线越密集。
9.用纸巾涂抹铅笔颜色使之均匀自然。
10.完成轮圈结构和轮胎的上色。

11	12
13	14
15	16

11.12.完成排气管和车头Logo的绘制。

13.用铅笔强调车身的线条。

14.用铅笔进一步加强金属灰颜色的对比度。

15.16.用橡皮擦擦拭出车身上的高光线。

17

18

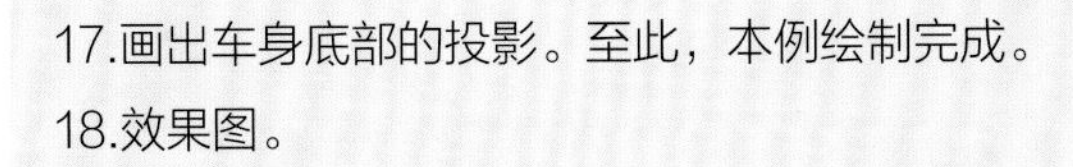

17.画出车身底部的投影。至此，本例绘制完成。

18.效果图。

1	2
3	4
5	

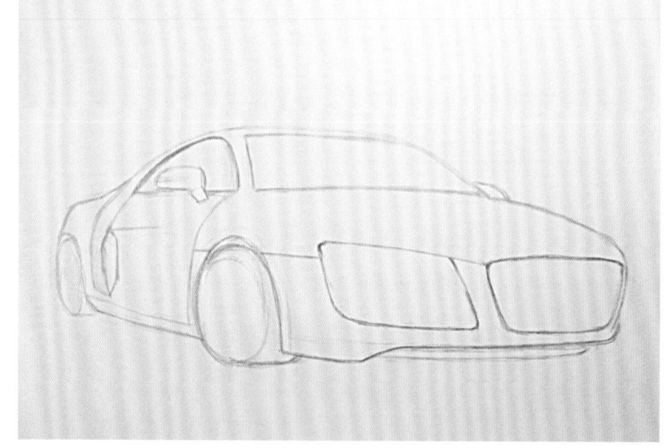

6.3 Audi R8

1.工具准备：A4纸，油性记号笔，CG-4、BG-3、BG-05、WG9、48号马克笔，470号和白色彩色铅笔，02号针管笔，0.7芯自动铅笔，橡皮擦，修正液。
2.画出车身轮廓和结构。
3.画出车内结构和车窗结构。
4.用WG9号马克笔和油性记号笔为车内上色。
5.用48号马克笔画出车身颜色。

6	7
8	9
	10

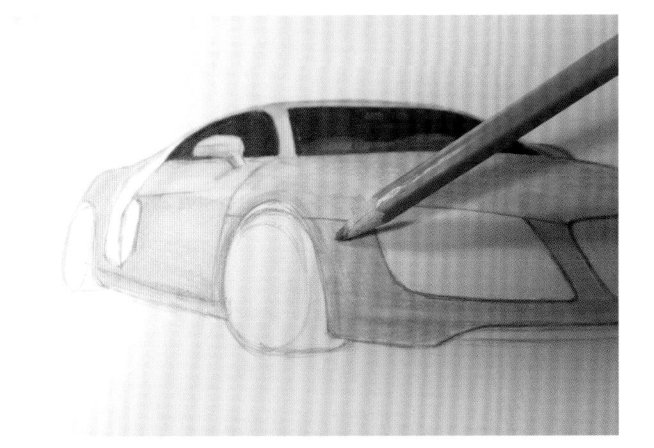

6.用470号彩色铅笔画车身颜色暗部的色彩。

7.用油性记号笔、CG-4号马克笔、02号针管笔完成轮圈的结构描绘及上色。

8.画出车灯及栅格结构。

9.用油性记号笔和WG9号马克笔为栅格上色，02号针管笔为网状结构描边。用CG-4号马克笔为车灯灰色部分上色。

10.用铅笔细化车灯内结构线。

11	12
13	14
15	

11.12.用修正液画出车灯白色部分。

13.画出前脸栅格结构。

14.先用WG9号马克笔上栅格和底盘的底色，
然后用油性记号笔强调栅格内的暗部。

15.用BG-3号马克笔为车身灰色装饰条上色。

16	17
18	19
	20

16.用铅笔画出金属质感。

17.用铅笔和02号针管笔修正车身边缘并强调主要的结构线。

18.用修正液画出车身高光处及前脸栅格上的挂牌。

19.用白色彩色铅笔加强车身的光泽感，并用铅笔加强车身细节上的阴影（如图中的后视镜所示）。

20.画出车身底部的投影，并加上车头的Logo。至此，本例绘制完成。

21

21.效果图。

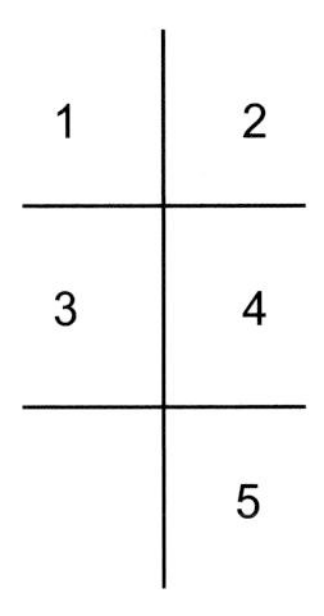

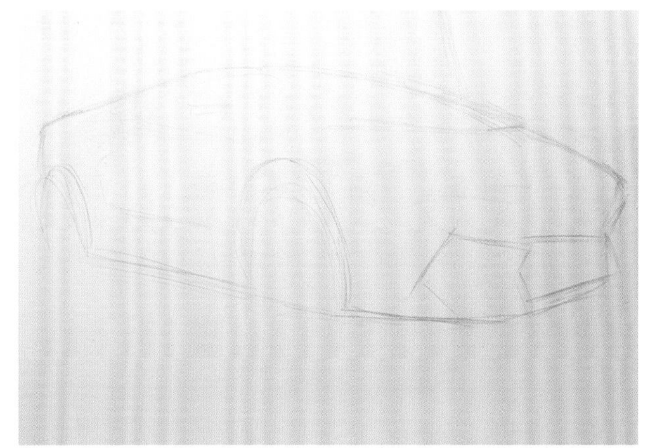

6.4 Lamborghini Aventador

1.工具准备：A4纸，油性记号笔，CG-4、BG-05、WG9、23、24号马克笔，415、416号和白色彩色铅笔，02号针管笔，0.7芯自动铅笔，橡皮擦，修正液。

2.画出车身轮廓。

3.确定车身线条（Lamborghini车型线条硬朗，结构线明显）。

4.画出车窗结构和车内物体。

5.用油性记号笔为车内深色部分上色。

6	7
8	9
10	

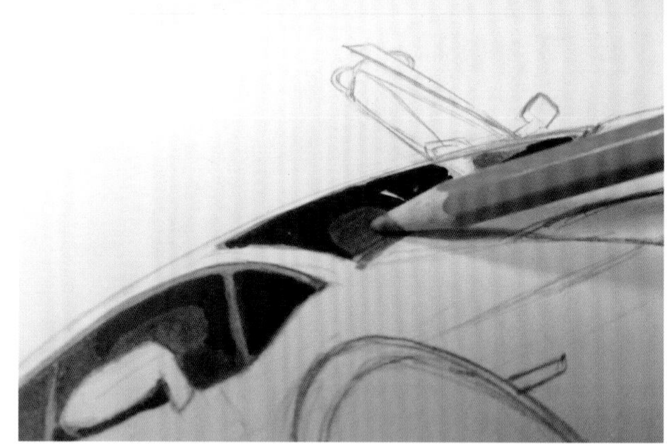

6.用CG-4号马克笔为较深色物体和座椅上色。

7.先用BG-05、WG9号马克笔加深车内颜色，再用02号针管笔细化车窗结构，最后用416号彩色铅笔为座椅上色。

8.9.橙色车门在车窗上的倒影先不画，这一部分先留白。

10.先用24号马克笔为车身橙色部分上底色。

11	12
13	14
	15

11.接着用23号马克笔为较深部分的橙色及暗部上色。

12.13.用CG-4、BG-05号马克笔、铅笔和02号针管笔完成轮圈和车轮的结构和上色，用铅笔画出轮胎的纹理，最后用修正液稍作点缀。

14.用CG-4、WG9号马克笔和铅笔完成栅格的结构和上色。

15.用铅笔画出车灯的结构再用02号针管笔画出黑色部分，最后用修正液点缀。

16	17
18	19
20	

16.完成车头Logo的刻画。

17.用02号针管笔强调车门的线条，再用CG-4号马克笔进行渐变上色。

18.用415号彩色铅笔画出橙色车门在车窗玻璃上的倒影。

19.用铅笔和02号针管笔修正车身线条，同时用橡皮擦拭车身上过重的铅笔线条。

20.用铅笔画出车身结构上的阴影部分（如图中的后视镜及车门所示）。

21	22
	23
24	

21.用白色彩色铅笔画出车身的光泽感。

22.用修正液画出车身和车窗上的高光。

23.画出车身底部的投影，至此本例绘制完成。

24.效果图。

6.5 作品展示

Mazda Shinari

NISSAN
GTR.

Ferrari 458 italia

Lamborghini
LP640